高等职业教育铁道供电技术专业"十三五"规划教材
全国高职院校专业教学创新系列教材——铁道运输类

# 变电所综合自动化技术

主　编 ○ 武永红　陈　刚
副主编 ○ 马　敏　胡建平
主　审 ○ 林宏裔

西南交通大学出版社
·成都·

### 图书在版编目（CIP）数据

变电所综合自动化技术 / 武永红，陈刚主编. —成都：西南交通大学出版社，2018.3
高等职业教育铁道供电技术专业"十三五"规划教材.全国高职院校专业教学创新系列教材. 铁道运输类
ISBN 978-7-5643-6093-1

Ⅰ. ①变… Ⅱ. ①武… ②陈… Ⅲ. ①变电所–自动化技术–高等职业教育–教材 Ⅳ. ①TM63

中国版本图书馆 CIP 数据核字（2018）第 045385 号

---

高等职业教育铁道供电技术专业"十三五"规划教材
全国高职院校专业教学创新系列教材——铁道运输类

**变电所综合自动化技术**

主编 武永红 陈 刚

| | |
|---|---|
| 责任编辑 | 李 伟 |
| 特邀编辑 | 张芬红 |
| 封面设计 | 何东琳设计工作室 |
| 出版发行 | 西南交通大学出版社<br>（四川省成都市二环路北一段 111 号<br>西南交通大学创新大厦 21 楼） |
| 发行部电话 | 028-87600564　028-87600533 |
| 邮政编码 | 610031 |
| 网　　址 | http://www.xnjdcbs.com |
| 印　　刷 | 四川森林印务有限责任公司 |
| 成品尺寸 | 185 mm×260 mm |
| 印　　张 | 6 |
| 字　　数 | 132 千 |
| 版　　次 | 2018 年 3 月第 1 版 |
| 印　　次 | 2018 年 3 月第 1 次 |
| 书　　号 | ISBN 978-7-5643-6093-1 |
| 定　　价 | 22.00 元 |

课件咨询电话：028-87600533
图书如有印装质量问题　本社负责退换
版权所有　盗版必究　举报电话：028-87600562

# 高等职业教育铁道供电技术专业"十三五"规划教材
## 编委会

**主　任**　陈维荣（西南交通大学）

**副主任**（以姓氏笔画为序）

　　　　　王亚妮　邓　缃　张　辉　张刚毅

　　　　　林宏裔　李学武　宋奇吼　程　波

**委　员**（以姓氏笔画为序）

　　　　　邓　缃　　邓小桃　　王向东　　王旭波　　支崇珏

　　　　　车焕文　　龙　剑　　李　壮　　张　辉　　张刚毅

　　　　　张灵芝　　张大庆　　严兴喜　　陈　刚　　何武林

　　　　　尚　晶　　武永红　　郭艳红　　赵先堃　　赵　勇

　　　　　徐绍桐　　常国兰　　窦婷婷

# 出版说明

近年来,我国铁路建设快速发展,取得了令世人瞩目的成绩。到2015年年底,全国铁路运营里程达12.1万千米,居世界第二位。在铁路建设快速发展的当下,企业急需大量德才兼备的高技能型专业人才,这对铁路职业教育提出了更高的要求。

为适应新形势,同时为满足企业对人才培养的迫切需要,促进铁路专业课程体系与教材体系趋于完善,西南交通大学出版社与全国19所铁路高、中职学校共同策划、拟在今明两年内出版一套"十三五"规划教材——高等职业教育铁道供电技术专业"十三五"规划教材。这套教材包括:《安全用电》《高电压工程》《接触网施工》《牵引供电规程》《接触网实训教程》《电力线路施工与检修》《电机与电力控制技术》《接触网设备检修与维护》《变电所综合自动化技术》《牵引变电系统运行与维护》《继电保护装置运行与调试》《高压电气设备的检修与试验》等。

这套教材严格遵照教育部《普通高等学校高等职业教育专科(专业)目录(2015年)》与《高等职业学校专业教学标准》的文件精神编写,切合高职院校专业教学与铁路现场实际,具有创新性,是目前铁道供电技术专业的最新教材,能在为我国电气化铁路行业培养出更多高素质、专业技术强的接班人方面发挥重要作用。其编写特色体现在:

### 1. 针对性强

主要针对高职院校铁路行业技能型人才培养目标以及目前铁道供电技术专业教学与人才培养方案。书里的内容皆对应铁道供电技术专业的核心课程或主干课程。

### 2. 实用性强

在编写内容布局上,遵循高职院校教学的"必需、够用、实用"原则,充分体现高等职业教育的实用特征;在编写体系设置上,坚持以"夯实基础,贴近岗位"为准则,突出可操作性,使知识与技能较好融合。为便于教学,每本书皆配有教师可用、学生可学的资料、资源。

### 3. 编者基础厚实

担任本套教材的主编和其他编者(不少是双师型教师),既有丰富的实践经验与课堂教学经验,又有编写出版教材的经历。在铁路建设高速发展以及中国高铁迈向世界的背景下,他们仍在继续不断地学习与钻研现代铁路技术,走访企业、现场,搜集、掌握相关技术资料,这为编写出版高质量的教材奠定了坚实基础。

**4. 立体化**

本套教材的出版，在纸质出版时辅以数字出版，使教材表现形态多元化、立体化。学生可通过扫二维码或使用网络媒体等多种手段，获得丰富的学习资源，提高学习效率。这样的教材，会使教学变得更加开放、便捷，从而实现更好培养高技能型人才的目标。

本套教材的出版，得到以下学校的积极响应和大力支持，我们在此表示衷心的感谢。他们是：包头铁道职业技术学院、辽宁铁道职业技术学院、北京铁路电气化学校、天津铁道职业技术学院、西安铁路职业技术学院、武汉铁路职业技术学院、山东职业学院、贵阳职业技术学院、四川管理职业学院、黑龙江交通职业技术学院、吉林铁道职业技术学院、昆明铁道职业技术学院、广州铁路职业技术学院、湖南铁道职业技术学院、湖南铁路科技职业技术学院、湖南高速铁路职业技术学院、郑州铁道职业技术学院、湖北铁路运输职业技术学院、南京铁道职业技术学院等。

同时，我们还要对在教材出版幕后做出积极贡献的相关领导及专家表示崇高的敬意。他们是：西南交通大学陈维荣教授，湖南铁路科技职业技术学院副院长石纪虎教授，黑龙江交通职业技术学院副院长宫国顺教授，包头铁道职业技术学院院长张澍东教授，广州铁路职业技术学院王亚妮教授、谢家的教授，北京铁路电气化学校林宏裔科长。此外，还要特别感谢以下做出重要贡献的老师，他们或建言献策、直抒己见，或主动担纲、揽承编写任务。他们是：杨旭清、祁瑒娟、刘德勇、郭艳红、林宏裔、谢奕波、赵先堃、江澜、支崇珏、于洪永、高秀梅、魏玉梅、曾洁、唐玲、严兴喜、袁兴伟、谢芸、杨柳、邓缅、王向东、张灵芝、龙剑、上官剑、饶金根、程波等。

教材是体现教学内容和教学方法的知识载体，是人才培养工作顺利开展的重要基础，需要社会关注与扶持。我社作为轨道交通特色出版社，一直坚持把服务高职院校教学与服务铁路企业人才培养作为出版社的重要工作之一，把规划、开发与出版更多的、更优质的轨道交通类教材作为首要任务并予以落实。希望本套教材的出版，能对高职院校的铁路专业教学与改革，对铁路企业、现场的职工培训与人才培养发挥重要作用，产生积极影响。

西南交通大学出版社

2016 年 7 月

# 前 言

伴随我国供电事业的快速发展，智能控制技术和现代互联网技术正在快速推进供电自动化事业的发展。在智能、高效的电能供应的有效保障下，轨道交通等行业得到了长足的发展。

变电所综合自动化技术水平的提升是保障安全、可靠、高效供电的重要因素，优质高效的电能供应是轨道交通和其他各项经济活动的重要保障。编者结合轨道交通供电系统的现场实情，整理收集了变电所综合自动化和供电智能监控等方面的各种文献与技术资料，编写了本书。

本书从变电所综合自动化系统的组成、功能实现入手，系统介绍了变电所综合自动化系统的重要组成部分。全书分为五章：第一章，介绍了变电所综合自动化系统的组成、结构形式与未来发展；第二章，介绍了变电所综合自动化信息采集装置的结构组成、模拟量采集、开关量采集以及PLC（可编程序逻辑控制器）在变电所自动化系统数据采集中的应用；第三章，介绍了变电所综合自动化系统的状态控制、参数调节等；第四章，介绍了变电所综合自动化系统的通信基础、网络通信、现场总线通信，简单介绍了远动系统的组成；第五章，介绍了变电所综合自动化系统监控系统的功能及软、硬件组成和操作的工作流程等。书中还提供了部分实物图和结构图，供大家参考。

本书第一章由北京铁路电气化学校武永红、朱晓强编写，第二章由北京铁路电气化学校姜攀、桑艳艳编写，第三章由北京铁路电气化学校许云雅、湖南高速铁路职业技术学院胡建平编写，第四章由包头铁道职业技术学院马敏编写；第五章由北京铁路电气化学校武永红、武汉铁路职业技术学院陈刚编写。全书由武永红、陈刚担任主编，马敏、胡建平担任副主编，林宏裔担任主审。

由于编者水平所限，书中疏漏和不妥之处在所难免，诚恳欢迎读者提出宝贵意见。

编　者

2017 年 10 月

# 目 录

## 第一章 变电所综合自动化系统概述 ·································· 1
- 第一节 变电所综合自动化系统的基本概念 ·························· 1
- 第二节 变电所综合自动化系统的结构 ······························ 3
- 第三节 变电所综合自动化系统的现状与发展 ························ 6
- 思考题 ······················································ 8

## 第二章 变电所综合自动化系统的信息采集 ·························· 9
- 第一节 变电所综合自动化信息采集装置 ···························· 9
- 第二节 变电所综合自动化模拟量信息采集 ························ 17
- 第三节 变电所综合自动化开关量信息采集 ························ 28
- 第四节 变电所综合自动化信息采集的应用 ························ 32
- 思考题 ···················································· 35

## 第三章 变电所综合自动化系统的控制与调节 ······················ 36
- 第一节 变电所综合自动化系统控制与调节装置 ···················· 36
- 第二节 变电所综合自动化的控制 ································ 39
- 第三节 变电所综合自动化的调节 ································ 43
- 第四节 变电所综合自动化系统控制与调节的应用 ·················· 44
- 思考题 ···················································· 45

## 第四章 变电所综合自动化系统的通信技术 ························ 46
- 第一节 数据通信基础 ·········································· 46
- 第二节 网络通信 ············································· 53
- 第三节 现场总线技术 ·········································· 57
- 第四节 变电所综合自动化系统远动技术 ·························· 59
- 思考题 ···················································· 67

第五章　变电所综合自动化系统的监控系统 ················································ 68
　　第一节　变电所综合自动化监控系统的功能 ········································· 68
　　第二节　变电所综合自动化监控系统的构成 ········································· 75
　　第三节　监控系统遥控操作 ···································································· 79
　　思考题 ···································································································· 84

**参考文献** ····································································································· 85

# 第一章　变电所综合自动化系统概述

**知识目标：**

（1）了解变电所综合自动化系统的概念及特点。
（2）了解变电所综合自动化系统的基本功能及内涵。
（3）了解变电所综合自动化系统的现状与发展方向。
（4）掌握变电所综合自动化系统的组成结构。
（5）掌握变电所综合自动化系统的结构形式。

**能力目标：**

（1）能够理解变电所综合自动化系统的概念及特点。
（2）能够理解变电所综合自动化系统的功能及实现途径。
（3）能够对比、分析变电所综合自动化系统的结构形式。
（4）能够绘制变电所综合自动化系统的结构图。

**素质目标：**

（1）对照实训环境，培养学生理论联系实际的能力。
（2）准确表述观点的过程中，锻炼语言表达能力和创新意识。
（3）结合计算机监控技术学习，培养学生的学习兴趣，促进学生的学习主动性。

## 第一节　变电所综合自动化系统的基本概念

### 一、变电所综合自动化系统的概念及特点

变电所综合自动化系统是利用先进的计算机技术、现代电子技术、通信技术和信息处理技术等实现对变电所二次设备（包括继电保护、控制、测量、信号、故障录波、自动装置及远动装置等）的功能进行重新组合、优化设计，对变电所全部设备的运行情况执行监视、测量、控制和协调的一种综合性的自动化系统。通过变电所综合自动化系统

内各设备间相互交换信息、数据共享，完成变电所运行监视和控制任务。变电所综合自动化系统替代了变电所常规二次设备，简化了变电所二次接线。变电所综合自动化是提高变电所安全稳定运行水平、降低运行维护成本、提高经济效益、向用户提供高质量电能的一项重要技术措施。

变电所综合自动化系统具有功能综合化、系统结构微机化、测量显示数字化、操作监视屏幕化、运行管理智能化等特点。同传统变电所二次系统不同的是，各个保护、测控单元既保持相对独立（如继电保护装置不依赖通信或其他设备，可自主、可靠地完成保护控制功能，迅速切除和隔离故障），又通过计算机通信的形式相互交换信息，实现数据共享，协调配合工作，减少了电缆和设备配置，增加了新的功能，提高了变电所整体运行控制的安全性和可靠性。其具体特点总结如下：

（1）功能综合化。变电所综合自动化系统是各技术相结合，多种专业相互交叉、相互配合的系统。它是在计算机硬件和软件技术、数据通信技术的基础上发展起来的，并综合了变电所内除一次设备和交、直流电源以外的全部二次设备。微机监控子系统综合了原来的仪表屏、操作屏、模拟屏和变送器柜、远动装置、中央信号系统等功能；微机保护子系统代替了电磁式或晶体管式的保护装置；微机保护子系统和监控系统相结合，综合了故障录波、故障测距、无功电压调节和中性点非直接接地系统等子系统的功能。

（2）分级分布式微机化的系统结构。综合自动化系统内各子系统和各功能模块由不同配置的单片机或微型计算机组成，采用分布式结构，通过网络、总线将微机保护、数据采集、控制等各子系统连接起来，构成一个分级分布式的系统。一个综合自动化系统可以有十几个甚至几十个微处理器同时并行工作，实现各种功能。

（3）测量显示数字化。用CRT显示器上的数字显示代替了常规指针式仪表，直观明了；而打印机打印报表代替了原来的人工抄表，这不仅减轻了值班员的劳动强度，而且提高了测量精度和管理的科学性。

（4）操作监视屏幕化。变电所实现综合自动化，使原来庞大的常规模拟屏被CRT屏幕上的实时主接线画面取代；在断路器安装处或控制屏上进行的常规分、合闸操作，被屏幕上的鼠标操作或键盘操作所取代；在保护屏上的常规硬连接片被计算机屏幕上的软连接片所取代；常规的光字牌报警信号，被屏幕画面闪烁、文字提示或语言报警所取代，即通过计算机上的CRT显示器，可以监视全变电所的实时运行情况和对各开关设备进行操作控制。

（5）运行管理智能化。智能化的含义不仅是能实现许多自动化的功能，如电压、无功自动调节，不完全接地系统单相接地自动选线，自动事故判别与事故记录，事件顺序记录，制表打印，自动报警等，更重要的是能实现故障分析和故障恢复操作智能化，实现自动化系统本身的故障自诊断、自闭锁和自恢复等功能，这对于提高变电所的运行管理水平和安全可靠性是非常重要的，也是常规的二次系统所无法实现的。变电所综合自动化系统的出现为变电所的小型化、智能化，扩大设备的监控范围，提高变电所安全可靠、优质和经济运行提供了现代化的手段和基础保证。它的运用取代了运行工作中的各种人工作业，从而提高了变电所的运行管理水平。

变电所综合自动化是实现无人值班（或少人值班）的重要手段，不同电压等级、不同重要性的变电所其实现无人值班的要求和手段不尽相同。但无人值班的关键是通过采取各种技术措施，提高变电所整体自动化水平，减少事故发生的概率，缩短事故处理和恢复时间，使变电所运行更加稳定、可靠。

## 二、变电所综合自动化系统的基本功能

变电所综合自动化系统是多专业性的综合技术的集合，它以微型计算机为基础，实现了对变电所传统的继电保护、控制方式、测量手段、通信和管理模式的全面技术升级。变电所自动化的功能强大，归纳起来可分为以下几类：

（1）微机保护：是对变电所内所有的电气设备进行保护，包括线路保护、变压器保护、母线保护、电容器保护及备自投、低频减载等安全自动装置。

（2）数据采集：包括状态数据（断路器状态、隔离开关状态、变压器分接头信号及变电所一次设备告警信号等）、模拟数据（各段母线电压、线路电压、电流、功率值、频率、相位等电量和变压器油温、变电所室温等非电量）和脉冲数据（脉冲电度表的输出脉冲等）。

（3）事件记录和故障录波测距：事件记录应包含保护动作序列记录，开关跳合记录等。

（4）控制和操作闭锁：操作人员可通过后台屏幕对断路器、隔离开关、变压器分接头、电容器组投切进行远方操作。操作闭锁包括微机五防及闭锁系统、断路器、刀闸的操作闭锁等。

（5）同期检测和同期合闸。

（6）电压和无功的就地控制：一般采用调整变压器分接头、投切电容器组、电抗器组等方式实现。

（7）人机交互。

（8）系统的自诊断：系统内各插件应具有自诊断功能，自诊断信息可以周期性地送往后台机、远方调度中心或操作控制中心。

（9）与远方控制中心的通信：远动"四遥"及远方修改整定保护定值、故障录波与测距信号的远传等。

（10）防火、保安系统。

# 第二节　变电所综合自动化系统的结构

## 一、变电所综合自动化系统的结构

变电所综合自动化系统是以计算机技术为基础，以数据通信为手段，通过信息共享，

实现对变电所设备的监视、测量、控制、调节、保护以及调度通信等功能的自动化系统。

变电所综合自动化系统架构主要由数据采集及控制（保护）、数据通信、后台监控等部分组成，如图 1-1 所示。数据采集及控制（保护）部分对变电所供电系统和设备的模拟量、开关量等信息进行采集和处理，执行变电所控制命令，执行保护功能；数据通信部分负责数据采集及控制（保护）部分与监控部分的数据传递、通信任务，发挥桥梁纽带作用；监控部分对采集数据进行分析、决策，发布控制命令，实时监视。几部分相互配合完成对变电所的综合监控。

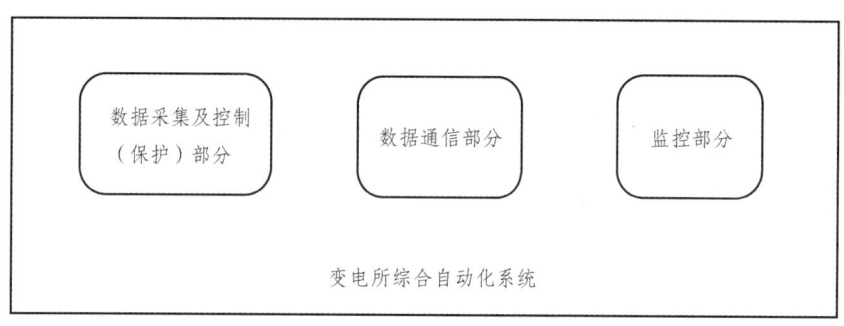

图 1-1 变电所综合自动化系统功能架构示意图

按照变电所综合自动化系统组成架构，考虑变电所规模、电压等级、技术经济性等因素，对以上架构的组成部分进行合理选用、灵活配置，可以组成不同的变电所综合自动化系统结构。变电所综合自动化系统的结构形式可以分为集中式结构、分层分布式结构。

## 二、变电所综合自动化系统的结构形式

随着供电自动化技术的快速发展，变电所综合自动化系统结构也不断优化、完善，先后经历了早期的集中式结构和目前的分层分布式结构两个阶段。

### （一）集中式结构

集中式结构是指系统集中配置硬件，集中采集变电所的模拟量、开关量和数字量等信息，集中进行运算与处理，来完成计算机监控、保护和自动控制等功能。

集中式结构并不是由一台计算机完成监控、保护等全部功能，而是由不同的微机承担微机监控、微机保护、调度通信等任务，实现系统的功能，如图 1-2 所示。该结构形式由前置机完成数据输入/输出、保护、控制及监测等功能，后台机完成数据处理、显示、打印及远方通信等功能。

集中式结构硬件配置集中，功能集中，结构相对简单；但其运行可靠性低，功能有限，不能大量节省电缆、屏柜和占地面积，限制了这种结构方式的应用推广。该结构形式比较适合小型变电所。初期的变电站自动化设计都是采用集中式结构。

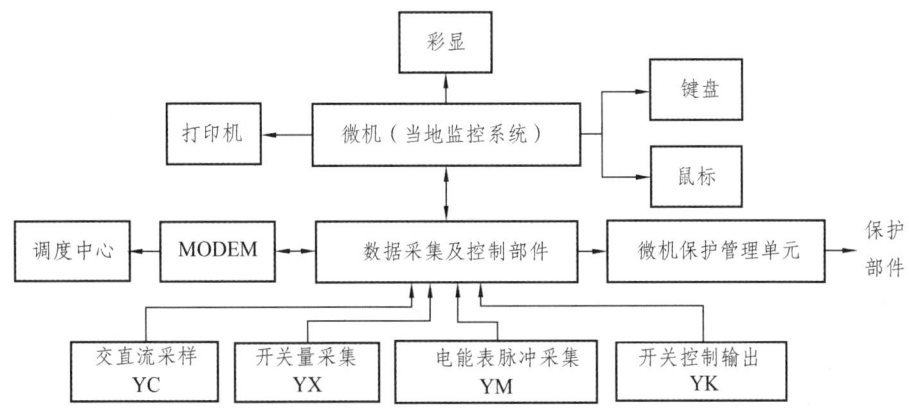

图 1-2 变电所综合自动化系统集中式结构示意图

## （二）分层分布式结构

变电所综合自动化系统分层分布式结构如图 1-3 所示。其分层主要是指按变电站的控制层次和对象设置全站控制级，按照数据和控制信息流，将变电所综合自动化系统纵向划分三层：站控层、网络通信层和间隔层。

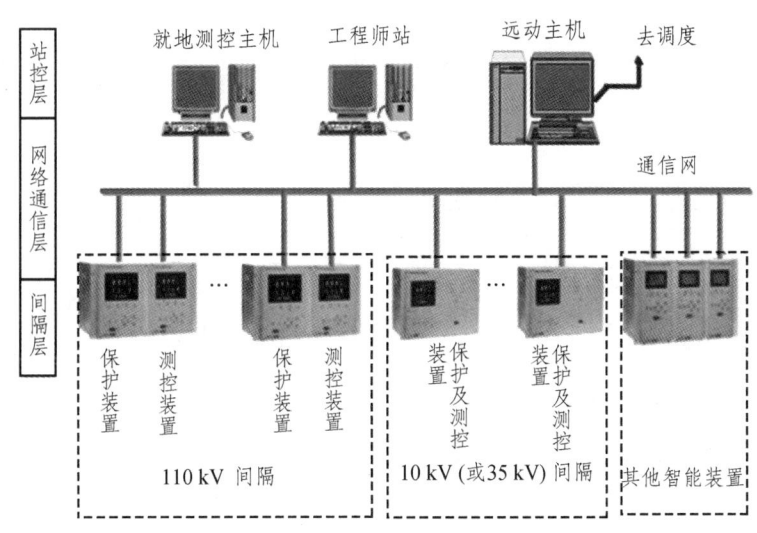

图 1-3 变电所综合自动化系统分层分布式结构示意图

### 1. 站控层

站控层主要由测控主机、工程师站、远动接口设备构成。站控层借助网络通信层与间隔层进行信息交换，从而实现对变电所所有一次设备和间隔层设备的监控、变电所数据管理与处理；还通过通信设备与调度中心交换信息，实现远程监控。

## 2. 网络通信层

网络通信层由交换机、通信管理机等网络设备构成，担负着站控层和间隔层的信息传递和交换任务，发挥着桥梁纽带作用。

## 3. 间隔层

间隔层按一次设备组织，一般按断路器的间隔划分，配置测量、控制和保护部分。测量、控制部分负责该单元的测量、监视，以及断路器的操作控制、联锁和事件顺序记录等；保护部分负责该单元线路、变压器或电容器的保护、录波等。间隔层由不同的单元装置组成，这些单元装置通过通信线路连接到站控层。

分布式结构，是将间隔层自动化设备按被监控对象或系统功能划分成若干单元，将这些单元连接到能共享资源的网络上，以实现分布式处理。各单元之间采用总线、网络技术等实现数据通信。

分布式结构，可提高系统处理并行多发事件的能力，使二次设备所需的电缆大大减少，节约投资，也简化了调试维护，方便系统的扩展，同时使局部故障不影响其他单元的正常工作，提高了可靠性。

分层分布式按照组屏方式，还有分布式集中组屏、分散与集中式组屏、全分散式组屏等形式，在空间布置上有所区别。

# 第三节　变电所综合自动化系统的现状与发展

## 一、变电所综合自动化系统的发展历程及现状

变电所综合自动化系统是集测量、控制、保护、远动等功能于一体，通过网络通信技术实现信息交换、数据共享的供电自动化系统，取代了传统的仪表盘、控制屏、继电保护屏及中央信号屏。

变电所自动化系统主要功能包括继电保护、自动装置、故障录波、当地监控和远动等。这几类功能设备技术的相互渗透发展，推动了变电所综合自动化系统的发展。自20世纪80年代我国开始研究变电所综合自动化技术开始，我国变电站自动化系统先后经历了三个阶段。

第一阶段：面向功能设计的集中式RTU+传统继电保护模式。

20世纪80年代是以RTU为基础的远动装置及当地监控为代表。该类系统是在常规的继电保护及二次接线基础上增设RTU装置，其功能主要为完成与远方调度主站通信实现"四遥"（遥测、遥信、遥调、遥控），继电保护及自动装置与系统连接采用硬接点状态接入。此类系统的特点是功能简单，整体性能指标较低，系统连接复杂，不便于运行管理与维护。第一阶段为自动化系统的初级阶段。

第二阶段：面向功能设计的分布式测控装置+微机保护模式。

20 世纪 90 年代初期，微机保护及按功能设计的分布测控装置得以广泛应用，保护与测控装置相对独立，通过通信管理单元能够将各自的信息送到当地监控计算机或调度主站。鉴于当时国内保护和远动分别单独设置，隶属不同部门和专业，继电保护与测控装置尚未融合，只有部分 110 kV 及以下电压等级自动化系统采用了该模式。该模式尚未做到面向对象设计，信息共享程度不高，二次系统电缆交叉互联，扩展性差，不利于运行管理和维护。第二阶段属于自动化系统的过渡阶段。

第三阶段：面向间隔和对象（object-oriented）的分层分布式结构模式。

20 世纪 90 年代中后期，随着计算机技术、网络和通信技术的飞速发展，行业内对计算机保护与测控技术认识逐步统一，采用面向设备或间隔为对象设计的保护及测控单元，采用分层分布式的系统结构，形成了真正意义上的分层分布式自动化系统。主要针对 110 kV 以下电压等级的设备或间隔，采用保护测控一体化设计的装置，而 110 kV 及以上电压等级的设备或间隔，继电保护装置与测控装置分别独立设计，故障录波功能配置在各间隔或设备的继电保护装置中，采用先进的网络通信技术，系统配置灵活，扩展方便，非常方便运行管理和维护。

目前，分层分布式变电所综合自动化系统已成为行业的主流，广泛应用于各变电站（所）。

变电所综合自动化技术水平的提高，也在很大程度上推动了变电所无人值班模式的发展，当前发达的变电所综合自动化系统为无人值班奠定了坚实的技术基础。

## 二、变电所综合自动化系统的发展方向

### 1. 全分散网络型系统的普及

在集中控制、功能分散型的变电所综合自动化系统的基础上，为了进一步提高系统运行的安全稳定性，特别是系统设备故障时应尽可能减小故障对系统的影响，对自动化设备的独立性和适应性要求更高。功能模块单元应该更分散，从原来管理多个间隔单元，向一个模块对应管理一个间隔单元发展。

现代网络通信技术飞速发展，给变电所供电综合自动化系统高效、丰富的信息交换和数据共享提供了重要的通信基础，为全分散网络型供电自动化系统的发展提供了通信保证。

### 2. 标准型软硬件平台的推广

传统控制方式的控制和保护设备基本都是专用设备，通用性差，影响了系统的扩展和维护。目前，供电综合自动化设备的各大厂家虽然已经在很大程度上扭转了专用设备的通用性差的不足，但跨厂家、跨平台的软硬件兼容性并不理想。统一遵循软硬件系统标准，保持数据一致性非常必要。

### 3. 综合智能控制的发展

当前，变电所综合自动化系统依托计算机控制技术，正朝向综合智能化方向发展。供电电气设备正向智能机电一体化方向发展，与之相适应的综合智能化系统正在逐步融合专家系统、模糊控制和神经网络自适应控制系统，构建全面智能决策、智能控制、智能保护等于一体的新型变电所综合自动化系统。

### 4. 多媒体监视的广泛应用

变电所综合自动化系统已经从传统的屏幕数据监视向多媒体监视快速发展。当前，借助声音、图像等多媒体元素的动态交互，甚至跨地域的远程多媒体监视都已经为供电自动化系统的广泛使用，为更加智能的多媒体监视的进一步推广应用提供了技术保证。

### 5. 纵向和横向综合

纵向综合是指从站控层到间隔层、设备层的上下贯通综合，统一使用数据库，保证数据的一致性和功能动态的自由分配等。

横向综合是指包括设备及功能的综合和系统的横向综合，在变电所内保护测控设备与其他智能设备之间的数据融合，实现变电所与调度、变电所与其他控制系统之间的横向融合。

## 思 考 题

1. 什么是变电所综合自动化系统？
2. 变电所综合自动化系统具有哪些功能？
3. 变电所综合自动化系统主要包括哪几部分？
4. 变电所综合自动化系统有哪几种结构形式，各有什么优缺点？
5. 简述变电所综合自动化系统未来的发展方向。

# 第二章　变电所综合自动化系统的信息采集

**知识目标：**

（1）了解变电所综合自动化系统的信息采集装置的结构。
（2）了解变电所综合自动化系统的信息采集的各种物理量。
（3）了解 PLC 在变电所综合自动化系统信息采集中的应用。
（4）掌握变电所综合自动化系统的信息采集装置的功能。
（5）掌握变电所综合自动化系统的模拟信息采集的方法和过程。
（6）掌握变电所综合自动化系统的开关信息采集的方法和过程。

**能力目标：**

（1）能够理解变电所综合自动化系统的采集装置的结构组成。
（2）能够理解变电所综合自动化系统的模拟量信息采集的方法。
（3）能够理解变电所综合自动化系统的开关量信息采集的方法。
（4）能够对比、分析变电所综合自动化系统的开关量、模拟量信息采集的过程。

**素质目标：**

（1）小组学习分析，培养团队学习能力，明确设备功能分工的重要性。
（2）遵照信息量采集的信息流向，锻炼逻辑认知与逻辑思维能力。
（3）结合计算机监控技术学习，培养学生的学习兴趣，促进学生的学习主动性。

## 第一节　变电所综合自动化信息采集装置

变电所综合自动化系统要采集的信息大致可分为两类：一类是与电网调度控制有关的信息，包括常规的远动信息和上级监控或调度中心对变电所实现综合自动化提出的附加监控信息；另一类是为实现变电所综合自动化，所内监控所使用的信息，由测控单元或自动装置测得的这些信息，用于变电所当地监视和控制。

变电所综合自动化系统要采集大量的信息，用于当地监控或传送到上级监控、调度中心。这些信息包括模拟量、开关量、脉冲量以及设备状态等。所有信息的采集，都是由信息采集装置完成的。

## 一、信息采集装置的功能和结构

### （一）信息采集装置的功能

信息采集装置能通过现场 I/O 测控单元采集相关信息，检测出事件、故障、状态、变位信号及模拟量正常、越限信息等，进行包括对数据合理性校验在内的各种预处理，并实时更新数据库，其采集范围包括模拟量、开关量和脉冲量等。模拟量包括电流、电压、有功功率、无功功率、频率、功率因数等电量和温度等非电量；开关量采集包括断路器、隔离开关以及接地刀闸的位置信号、保护动作信号、运行监视信号及有载调压变压器分接头位置信号等；脉冲量采集包括有功电度和无功电度。

#### 1. 采集信息的预处理

采集装置采集的模拟量种类繁多，通过 A/D 变换器变换成数字量后送到系统。经过 A/D 变换读入的数据，以不同的通道号代表不同的物理量，存入指定的存储单元。上述数据信息还要进行一系列简单处理（即预处理），然后存入数据库。数据预处理流程见图 2-1。

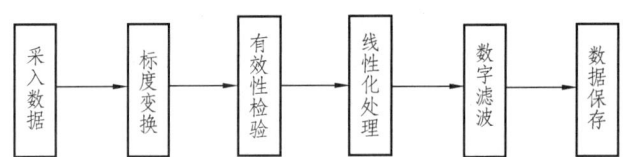

图 2-1 信息预处理流程

#### 2. 标度变换

进入 A/D 变换器的信号一般是电平信号，但其意义却有所不同。例如，同样是 5 V 电压，可以代表 540 ℃，也可以代表 500 A 电流或 110 kV 电压等。因此，经 A/D 变换后的同一数字量所代表的物理意义是不相同的。所以要由计算机乘上不同的系数进行标度变换，把它们恢复到原来的量值。

#### 3. 有效性校验

其目的是判断采入的信息是否有明显的出错或为干扰信号等。有效性校验可根据物理量的特性来判断。

（1）变化缓慢的参数，可用同一参数前、后周期的变化量来判断。如后一周期内的量变超过一定范围，与规律不符，则可认为该数据是不可信的"坏"信息。

（2）利用相关参数间的关系互相校核。例如，励磁电压与励磁电流之间有较强的相关性，可以互相校核。当励磁电压升高时，励磁电流必定按一定关系上升，不符合这种情况的信息是不可信的。

（3）对于一些重要参数，可以用两个测点或在同一个测点上装两台变送器，用它们之间的差值进行校核。差值超过一定数值的数据是不可信的。对于可疑数据，需要进一步判断。

（4）限制判断。各种数据信息，当超过其可能的最大变化范围时，该数据为不可信的。

可见，根据量值的类型，选择合适的判断方法，达到可信目的，是数据信息有效性检验的任务。

**4. 线性化处理**

有的变送器的输出信号与被测参数之间可能呈现非线性关系，为了提高测量精度，可采取线性拟合措施，以消除传感器或转换过程中引起的非线性误差。

**5. 数字滤波**

输入的信号汇总常混杂有各种频率的干扰信号。因此，在采集的输入端通常加入 RC 低通滤波器，用于抑制某些干扰信号。RC 滤波器容易实现对高频干扰信号的抑制，但若想抑制低频干扰信号，则要求的 $C$ 值较大，不易实现。而数字滤波器可以对极低频率的干扰信号进行滤波，弥补了 RC 滤波器的不足。

数字滤波就是在计算机中用一定的计算方法对输入信号的量化数据进行数学处理，减少干扰在有用信号中的比重，提高信号的真实性。这是一种软件方法，对滤波算法的选择、滤波系数的调整都有极大的灵活性，因此在遥测量的处理上被广泛采用。

### （二）信息采集装置的结构

信息采集装置的结构分为微型计算机信息采集系统和离散型采集系统两类。

**1. 计算机信息采集系统**

该系统结构框图如图 2-2 所示。其各部分作用如下：

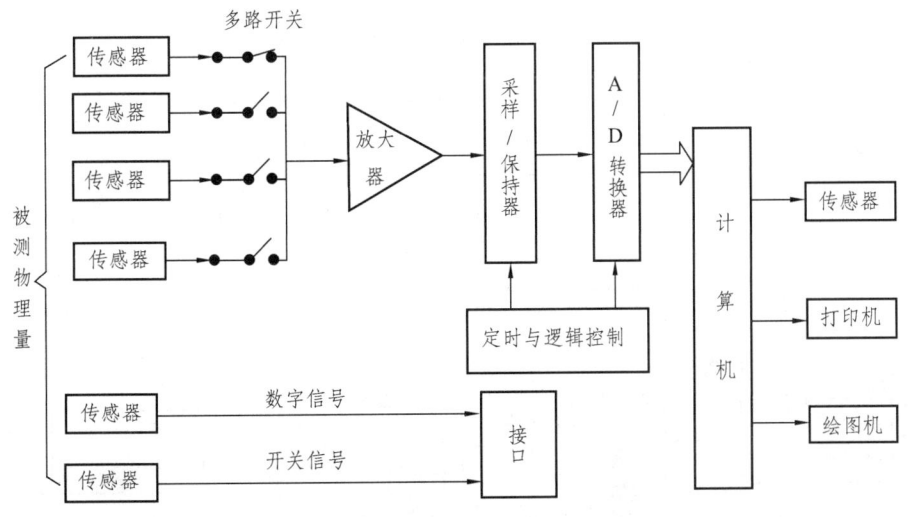

图 2-2　计算机数据采集系统框图

传感器：将非电量转化为电量。

多路开关：分时切换各路模拟量与采样/保持器的通路。

程控放大器：对模拟信号进行放大。

采样/保持器：保持模拟信号电压。

A/D 转换器：将模拟信号转换为数字信号。

接口电路：将数字信号进行整形或电平调整。

微机及外部设备：管理和控制数据采集系统。

定时与逻辑控制电路：产生逻辑控制信号，控制时序。

该结构各器件的执行顺序为：模拟多路开关开始切换；程控放大器放大倍数开始切换；采样/保持器开始保持；A/D 转换器开始转换；A/D 转换完成。

该系统的特点是：结构简单，易实现；对环境要求不高；系统成本低；集散型的基本单元；模板齐全，易组成系统。

### 2. 集散型信息采集系统

该系统一般由若干"数据采集站"和一台上位机及通信线路组成。数据采集站一般是由单片机数据采集装置组成的，位于生产设备附近，可独立完成数据采集和预处理任务，还可将数据以数字信号的形式传送给上位机。数据采集站与上位机之间通常采用异步串行传送数据。数据通信通常采用主从方式，由上位机确定与哪一个数据采集站进行数据传送。系统结构框图如图 2-3 所示。

该结构的特点是：适应能力强，可靠性高，实时性好，对硬件要求不高。

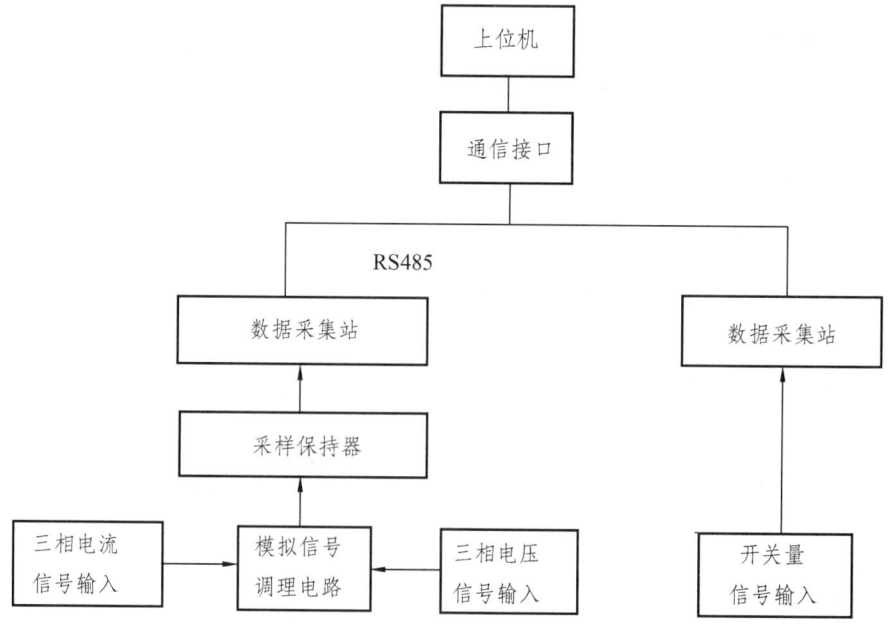

图 2-3 离散型数据采集系统

## 二、保护与测控装置信息采集

### （一）保护与测控装置的硬件结构

目前，保护与测控装置基本上按照模块化设计，不同的场合，按照不同的模块化组合方式构成。保护测控装置外部结构如图 2-4 所示。一套保护与测控装置功能模块的典型硬件结构主要包括模拟量输入/输出回路、微机系统、开关量输入/输出回路、人机对话接口回路、通信接口和电源等，如图 2-5 所示。

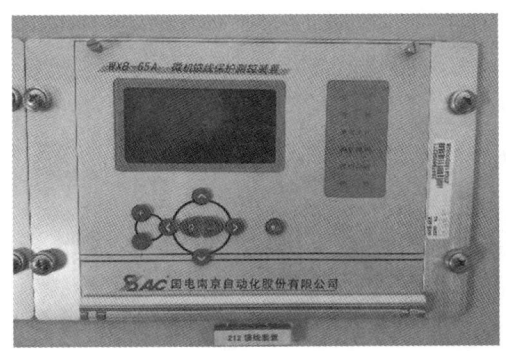

图 2-4 保护测控装置正面、背面

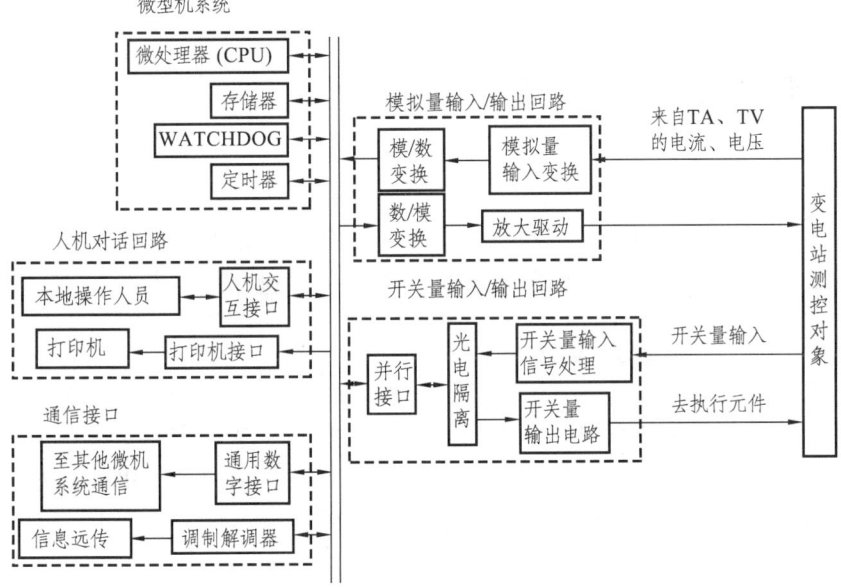

图 2-5 保护测控装置硬件结构示意图

**1. 模拟量输入/输出回路**

来自变电所测控对象的电压、电流信号等是模拟量信号，即随时间连续变化的物理量。由于微机系统是一种数字电路设备，只能接收数字脉冲信号，识别数字量，因此就需要将这一类模拟信号转换成相应的微机系统能接收的数字脉冲信号。同时，为了实现对变电所的监控，有时还需要输出模拟信号，去驱动模拟调节执行机构工作，这就需要模拟量输出回路。

### 2. 微机系统

微机系统是保护与测控装置硬件系统的数字核心组成部分。目前，自动化市场上的微机系统多种多样、各不相同，但它们一般都是由 CPU、存储器、定时器/计数器等组成。

### 3. 开关量输入/输出回路

该回路由并行口、光电耦合电路及有触点的中间继电器组成，主要用于人机接口、发跳闸信号等的告警信号及闭锁信号等。

### 4. 人机对话接口回路

该回路主要包括打印机、显示器、键盘、信号灯、音响或语言告警等，其主要功能是用于人机对话，如调试、定值整定、工作方式设定、动作行为记录与系统通信等。人机对话接口回路在微机装置中一般用装置面板的形式出现。

### 5. 通信回路

保护与测控装置分为多个子系统，各系统之间自动化装置需要通信。同时，有些子系统的动作情况还要远传给调度、控制中心。所以通信回路的主要功能是完成自动化装置间通信及信息的远传。

### 6. 电　源

供电电源回路提供了整套保护与测控装置中功能模块所需要的直流稳定电源，一般利用交流电源经过整流后产生不同电压等级的直流电，以保证整个装置的可靠供电。

## （二）保护与测控装置需采集的信息

高压侧需采集的模拟量信息包括高压输电线（包括母线、旁路、联络线等）的有功功率、无功功率和有功电能，不同电压等级母线各段的线电压及相电压，牵引变压器进线侧有功功率、无功功率及电流，并联补偿装置电流，变器上层油温等。

开关量信息包括变电站事故总信号，线路、母联、旁路和分段断路器位置信号，采用 YNd11 接线的权益变压器中性点接地隔离开关位置信号，断路器重合闸动作信号，变压器的断路器位置信号，线路及旁联保护动作信号，重要隔离开关位置信号，断路器失灵保护动作信号，有关过压、过负荷越限信号，有载调压变压器分接头位置信号，变压器保护动作总信号，断路器事故跳闸总信号，控制方式由遥控转为当地控制信号，断路器闭锁信号等。

设备异常和故障预告信息主要包括有关操作机构故障总信号，变压器油温过高、绕组温度过高总信号，轻瓦斯动作信号，变压器或变压器调压装置油温过低总信号，消防报警信号等。

### 三、PLC 在测控装置信息采集中的应用

PLC（Programmable Logic Controller）即可编程序逻辑控制器，主要应用于从继电器控制系统到监控计算机之间的许多过程控制领域，具有可靠性高、控制能力强、编程方法易于使用、与外部设备连接非常方便等优点，适用于各种复杂的工业生产环境。PLC 多采用积木式结构或模块式结构，具有较大的灵活性和可扩展性，扩展灵活方便。

目前，PLC 也已经进入变电所供电自动化应用领域，在集中式和分层分布式变电所自动化系统中都有 PLC 的应用（见图 2-6）。在供电自动化系统中，PLC 常用于信息采集和状态控制等。

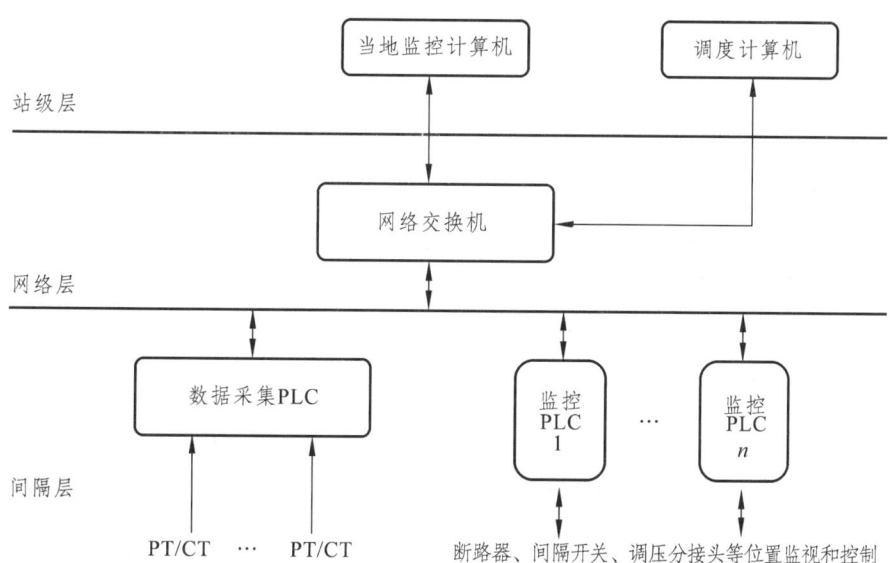

图 2-6　PLC 在分层分布式结构中的应用

供电领域常用的 PLC 包括 S7-200、S7-300 和 S7-1200 等，如图 2-7 所示。

图 2-7　S7-200、S7-300、S7-1200 PLC

PLC 主要由 CPU 模块、I/O 模块、电源、接口等组成，如图 2-8 所示。

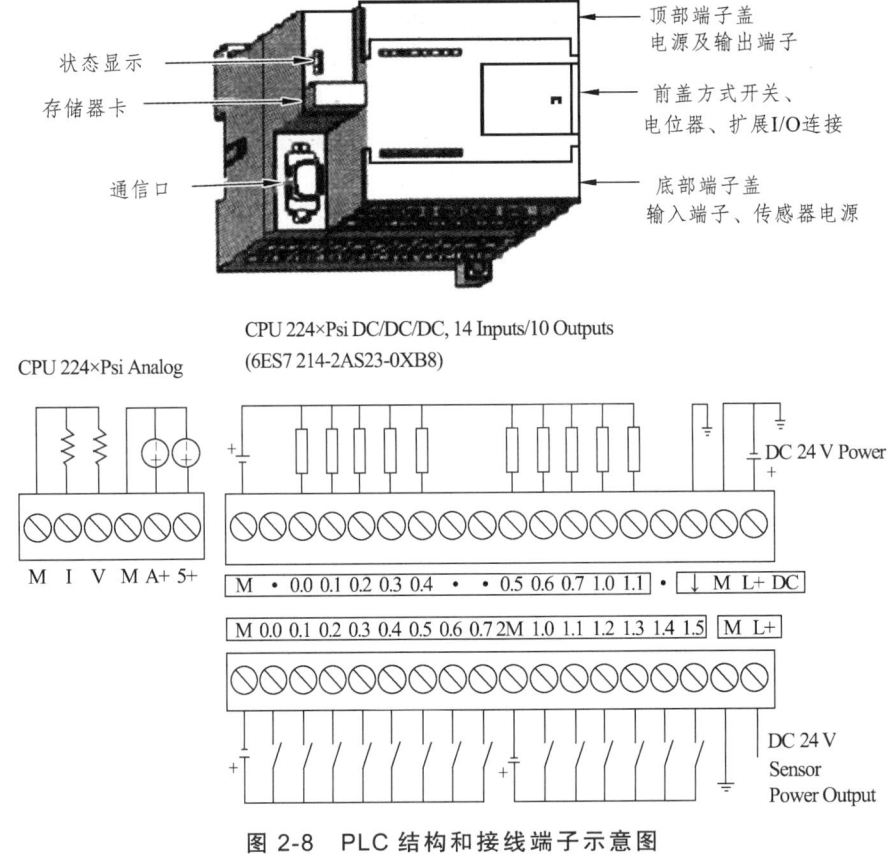

图 2-8　PLC 结构和接线端子示意图

### 1. 开关量采集

变电所监控系统中，PLC 主要采集断路器、隔离开关的工作状态，以及有载调压变压器分接开关的位置。例如，PLC 通过检测断路器和隔离开关的辅助触点位置，从而确定断路器和隔离开关的状态（分、合）信息。检测电路示意如图 2-9 所示。

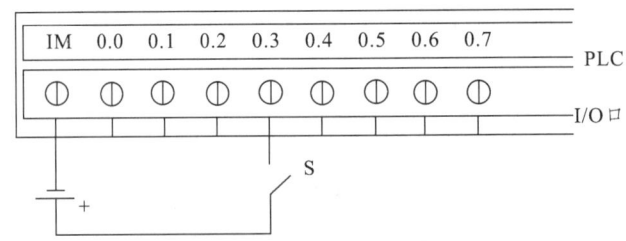

图 2-9　PLC 开关量信号采集

### 2. 模拟量采集

在变电所监控系统中，PLC 采集的模拟量主要包括供电电压、电流，控制电压、电流，电能频率，变压器温度等信息。

电压型信号经过信号变换处理后，接入 PLC 的模拟量电压输入端口模块，由 PLC 来采集电压信号，并存储，供系统运算、监视之用。

电流型信号经过信号变换处理后，接入 PLC 的模拟量电流输入端口模块，由 PLC 来采集电压信号，并存储，供系统运算、监视之用。接线如图 2-10 所示。

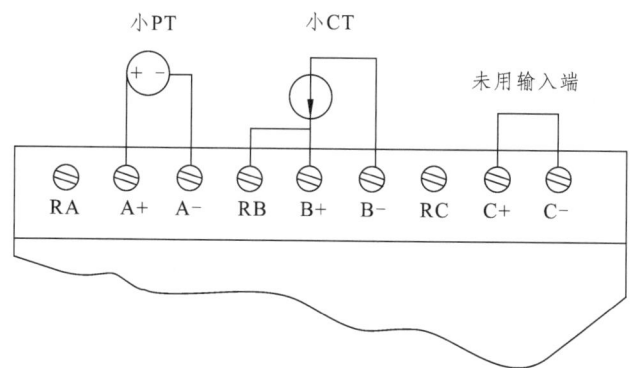

图 2-10　PLC 模拟量模块采集电压、电流信号接线图

温度等非电量信息，要经过温度传感器变换后转变成电压或电流信号，然后再交由 PLC 采集、存储，供系统运算、监视之用。

除了采集信息外，PLC 还用作开关类设备的分、合闸操作控制及变压器参数调整等诸多控制功能。

## 第二节　变电所综合自动化模拟量信息采集

### 一、变电所综合自动化采集模拟量

#### （一）变电所综合自动化采集的典型模拟量信息

变电所综合自动化系统要采集的信息，包含变电运行方面、电气设备运行方面的信息以及控制系统本身的运行状态信息，这些信息类型多、数量大，大致可分为以下两类：第一类是与电网调度控制有关的信息，包括常规的远动信息和上级监控或调度中心对变电所实现综合自动化提出的附加监控信息；第二类是为实现变电所综合自动化所内监控所使用的信息，以及由测控单元或自动装置测得的信息，用于变电所当地监视和控制。

综上所述，变电站综合自动化系统需要测量大量的信息，用于当地监控或传送到上级监控（调度）中心。这些信息包括模拟量、开关量、脉冲量以及设备状态等。因变电所电压等级不同以及在电网中实现的作用不同，所需采集的信息类型也有所不同。

变电所采集的典型模拟量信息有：联络线的有功功率、无功功率和有功电能；线路及旁路的有功功率、无功功率和电流；不同电压等级母线各段的线电压及相电压；三绕组变压器三侧或高压、中压侧的有功功率、无功功率及电流；两绕组变压器两侧或高压侧的有功功率、无功功率及电流；直流母线的电压；所用变低压侧电压；母联电流、分段电流、分支断路器电流；出线的有功功率或电流；所用电电压和频率；并联补偿装置电流；变压器上层油温等。这些模拟量信息主要是交流电压 $U$、交流电流 $I$、有功功率 $P$、无功功率 $Q$、频率 $f$、变压器油温 $T$ 等。

模拟量采集的任务就是把电力系统运行过程中的参数，如电压、电流、功率、温度、压力等模拟量信号转换为计算机可以处理的数字量信号。

（二）交流采样技术及其应用

在变电所综合自动化系统中，计算机处理的都是数字信号，而从互感器二次侧输出的都是模拟信号，为此必须将随时间连续变化的模拟信号变换成数字信号，为达到这一目的，首先要对模拟量进行采样。所谓采样，即把变电所的一些电流、电压、功率等模拟量，通过互感器、变送器、A/D 转换器变成二进制数据，存储在计算机的某个内存区。模拟量信息的测量和采集可以采用变送器测取，也可以采用交流采样技术进行采样。

变送器是将某种信号转换成标准化信号的一种仪器。在变电所综合自动化系统中，需采集的模拟量信号大都是电压、电流、功率、温度等，这些量可以通过电压变送器、电流变送器、三相有功功率变送器、三相无功功率变送器和温度变送器等进行测量和采集。在变电所综合自动化系统中，被测量设备和线路的电压、电流值，首先要接入电压互感器（TV）或电流互感器（TA），再将变送器接入 TV 或 TA 的二次回路中。变送器的输入交流电压为 0~120 V（额定值为 100 V），交流电流为 0~6 A（额定值为 5 A），有些场合允许输入额定值为 1 A 的交流电流。变送器的输入信号通常采用统一的直流信号，以方便后继仪器设备的接口。在综合自动化系统中，通常用变送器的直流电压输出信号与后继设备接口。为了达到模拟量测量的综合误差指标，变送器的准确度等级应不低于 0.5 级。

采用变送器测量交流电气量又称为直流采样技术，它是从二次回路中获取信号，通过电子变换电路，输出与某电气量成正比的模拟信号。这种电气量测量方法暴露出明显的缺点：一是每个变送器只能测取一个或两个电气量，变电所中电气量种类和数量较多，因此必须使用的变送器也较多，投资大、占用空间大；二是变送器输出的模拟信号是滤波后的平均值，不能反映实际的波形变化情况；三是变送器输出的模拟信号要通过远动系统远传到当地监控计算机，需对采集到的模拟量进行模/数变换之后，以数字量形式传送或显示，而这些电量变送器都是互感器二次回路的负载，接入数量越多，互感器二次回路的负载就越重，实际变换的误差也就越大。

现在普遍采用交流采样技术，它是通过对互感器二次回路中的交流电压信号和交流电流信号的瞬时值直接进行采样。根据一组采样值，通过模/数变换将其变换为数字量，再对数字量进行计算，从而获得电压、电流、功率、电能等电气量值。在变电所综合自动化系统和远动装置中，使用交流采样技术可以代替变送器测量和采集电压、电流、功率、电能等电气量这一环节。交流采样技术的优点：一是可以由同一组采样得到的数字量得到多个计算结果，能有效提高测量和计算精度；二是可以实时地反映实际波形；三是减少互感器二次回路接入负载的数量，降低模/数变换的误差。

### （三）交流采样的原理

#### 1. 连续时间信号的采样过程

对一个信号的采样就是测取该信号的瞬时值，它可由一个采样器来完成，如图2-11所示。

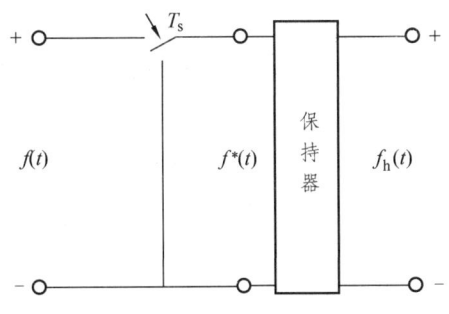

图 2-11　信号的采样与保持

对于一个连续的时间信号 $f(t)$ 的采样，就是将其变换成离散的时间信号 $f^*(t)$，采样器按定时或不定时的方式将开关瞬间接通，使输入采样器的连续时间信号 $f(t)$ 按采样开关的周期瞬时接通，则采样后得到的离散信号 $f^*(t)$ 为

$$f^*(t) = \begin{cases} f(nT_s) & \text{当 } t = nT_s \text{ 时} \\ 0 & \text{当 } t \neq nT_s \text{ 时} \end{cases} \quad (2\text{-}1)$$

式中，$n$ 为正整数。采样过程示意图如图 2-12 所示。

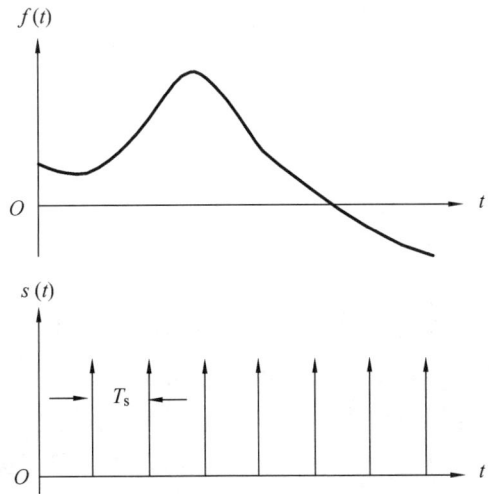

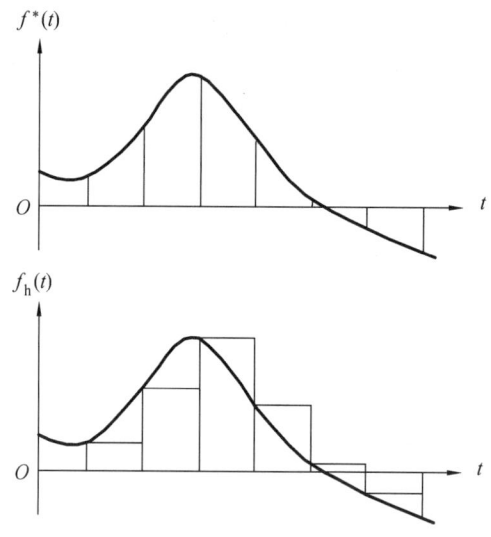

图 2-12 信号的采样与保持的原理

**2. 采样定理及采样频率**

采样时间间隔由采样控制脉冲 $s(t)$ 来控制，相邻两个采样时刻的时间间隔称为采样周期，通常用 $T_s$ 表示。采样每隔 $T_s$ 时间采集一次模拟信号的即时幅值，在每个采样点上（$0$，$T_s$，$2T_s$，…）的幅值与输入的连续信号 $f(t)$ 的幅值是相同的，在其他时刻幅值为零。采样周期 $T_s$ 的倒数是采样频率 $f_s$，即

$$f_s = \frac{1}{T_s} \tag{2-2}$$

采样周期越短，即采样频率 $f_s$ 越高，$f^*(t)$ 就越接近 $f(t)$。

采样定理是选择采样频率的理论依据。采样是否成功，主要表现在采样信号 $f^*(t)$ 能否真实地反映出原始的连续时间信号中所包含的重要信息。若要不丢掉信息地对输入信号进行采样，使信号被采样后不失真地还原，采样频率 $f_s$ 必须不小于 2 倍的输入信号 $f_{max}$，这就是奈奎斯特采样定理的基本思想，即

$$f_s > 2 f_{max} \tag{2-3}$$

（四）交流采样需考虑的问题

**1. 多条线路轮换采样**

一个变电站可能有多条输入线路及输出线路，有一台或数台变压器，要测取如此多线路上的电压、电流信号，计算电压、电流、有功功率、无功功率和电能量等，交流采样的任务十分繁重。交流电气量作为一个模拟量不可能发生突变，因此可对每条线路进行轮换采样。设需对 $N$ 条线路进行采样，在某一周期内，只对某一线路进行采样，通过

$N$ 个周期实现对 $N$ 条线路各采样一次,用所采样的信号对电压、电流、功率等电气量进行计算,并将 $N$ 个周期的平均值进行输出或保存。

### 2. 交流采样的同时性

按照功率的定义,一条线路上的交流电压、电流的采样应当同时测取,同时性的实现一般用采样保持器来完成。另外,对于按相电压、相电流测取功率的,至少需要 4 个采样/保持器,所以在采样/保持器后面应安排一个多路转换开关,依次选择一路信号输入 A/D 转换器。

### 3. 交流采样的等间隔性

交流采样的算法是按连续信号积分等间隔离散化而得的,因此,交流采样必须在一个周期内等间隔完成。但是交流信号的频率是随时变化的,若根据当前信号频率确定采样间隔,就应实现当前频率的跟踪测量。

## 二、模拟量信息采集通道的组成与功能

### (一) 模拟量输入电路简介

模拟量输入电路又称为数据采集系统,是自动化装置中很重要的电路,自动化装置的动作速度和测量精度等性能等都与该电路密切相关。继电保护的基本输入电量是模拟性质的电信号。一次系统的模拟电量可分为交流量、直流量以及各种非电量。它们经过各种互感器转变为二次电信号,再由引线端子进入微机保护装置。模拟量输入电路的主要作用是把来自电流互感器和电压互感器的电流、电压模拟量,经隔离、规范输入电压、模/数变换等变换成计算机能识别的离散的数字信号,以便与 CPU 接口,完成数据采集任务,进而实现对变电所设备及运行状态的监视、测量和保护等功能。

根据模/数变换原理的不同,自动化装置中模拟量输入电路有两种方式:一种是基于逐次逼近型 A/D 变换方式(ADC),即直接将模拟量转变为数字量的变换方式;二是利用电压/频率变换(VFC)原理进行模/数变换的方式,它是将模拟量电压先转换为频率脉冲量,通过脉冲计数变换为数字量的一种变换形式。

基于逐次逼近型 A/D 变换的模拟量输入电路:一个模拟量从测控对象的主回路到微机系统的内存,中间要经过多个转换环节。典型的模拟量输入电路的结构框图如图 2-13 所示,主要包括电压形成回路、低通滤波电路(ALF)、采样保持(S/H)、多路转换开关(MPX)及 A/D 变换芯片五部分。下面分别叙述这五部分的工作原理及作用。

### 1. 电压形成回路

一般,模/数转换芯片要求输入信号电压为 ±5 V 或 ±10 V,而电流、电压互感器获取被保护电力线路的电流、电压信号不能适应模数变换器的输入范围要求,故需对它们进行变换后,再输送到微机保护的 A/D 转换芯片使用。其典型电压、电流变换原理如图 2-14 所示。

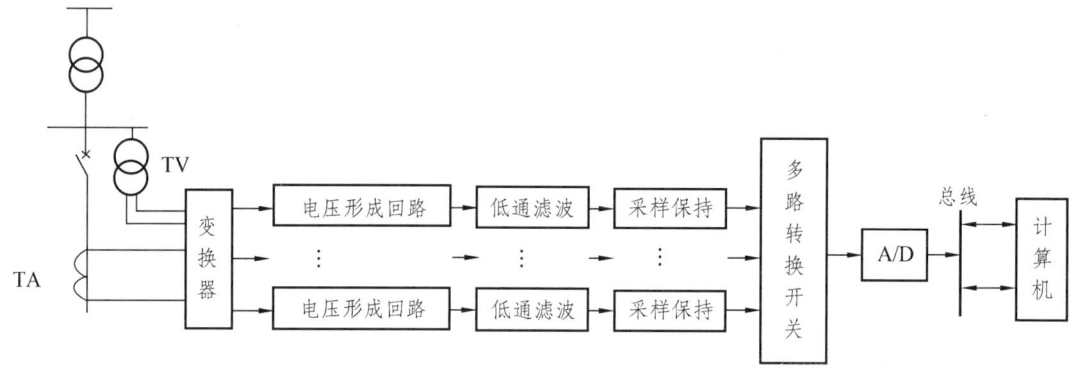

图 2-13 典型的模拟量输入电路的结构框图

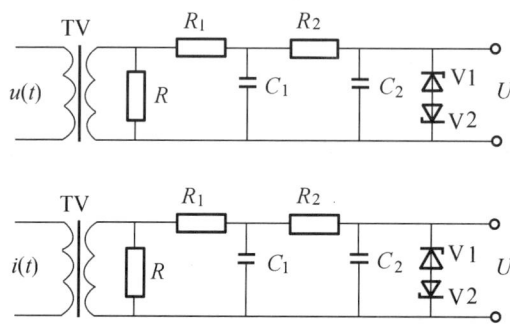

图 2-14 模拟量输入电压变换典型原理图

电压形成回路又称为隔离转换电路,其作用是实现模拟输入信号的隔离与电平转换。电压变换常采用小型中间变压器。电流变换采用小型中间变流器,其二次侧并联电阻以取得所需电压的方式。这样一次设备的电压和电流经过电压互感器 TV 和电流互感器 TA 的二次回路与微机 A/D 转换系统完全隔离,提高了抗干扰能力。另外,这些中间变换器通过图 2-14 电路中的稳压管组成双向限幅,以保证后面环节采样保持器、A/D 转换芯片的输入电压限制在峰-峰值 ±5 V(或 ±10 V)以内,以提高保护的可靠性。

### 2. 低通滤波器

电力系统在故障的暂态期间,电压和电流含有较高的频率成分,如果要对所有的高次谐波成分均不失真地采样,其采样频率就需要取得很高,这就对硬件速度提出很高要求,使成本增加,这是不现实的。在实际应用过程中,可以在采样之前将最高信号频率分量限制在一定频带内,即限制输入信号的最高频率,以降低采样频率 $f_s$。要限制输入信号的最高频率,只需要在采样前用一个模拟低通滤波器,将 $f_s/2$ 以上的频率分量滤去即可。

模拟低通滤波器幅频特性的最大截止频率,必须根据采样频率 $f_s$ 的取值来确定。例如,当采样频率是 1 000 Hz 时,要求模拟低通滤波器必须滤除输入信号大于 500 Hz 的高频分量。

### 3. 采样保持器

对于采用逐次逼近型 A/D 变换的数据采集系统,由于模/数变换器的工作需要一定的转换时间,如果采集的输入信号变化较快,就会引起较大的转换误差,因此需采用采样保持器配合其工作。保持器的作用就是暂存采样输入信号在某一时刻的瞬时值,并在 A/D 转换期间保持不变,从而保证 A/D 转换的准确性和精度。

如图 2-15 所示,采样保持电路主要由模拟开关 S、储能元件电容 $C_H$ 和缓冲放大器 $A_1$、$A_2$ 组成,开关 S 的闭合、断开由控制信号控制,控制信号的频率即是采样频率。当开关 S 闭合时,采样开始,模拟信号迅速向电容 $C_H$ 充电到输入电压 $U_{in}$;当开关 S 断开时为信号保持阶段,此时 A/D 转换器进行数据的转换,可见电容充电的时间应远远小于 A/D 转换的时间。

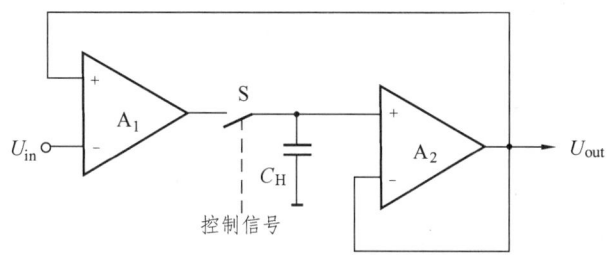

**图 2-15 采样保持器工作电路**

对多通道间的采样,按照对各通道信号采样的相互时间关系,采样方式可采用同时采样、顺序采样和分组采样 3 种方式。

所谓同时采样,是指在每一个采样周期对各个通道的量在同一时刻同时采样。采样频率高,则信号不易失真,采样精确,但同时对 A/D 转换器的转换速度要求也越高。同时采样的实施方式有两种:一种是每一通道都设置 A/D 转换器,同时采样后同时进行 A/D 转换;另一种是全部通道合用一个 A/D 转换器,同时采样,依次进行 A/D 转换。这种采样方式,既保证了采样精度,又节省了 A/D 转换硬件成本,所以被广泛采用。同时采样的两种方式如图 2-16(a)、(b)所示。

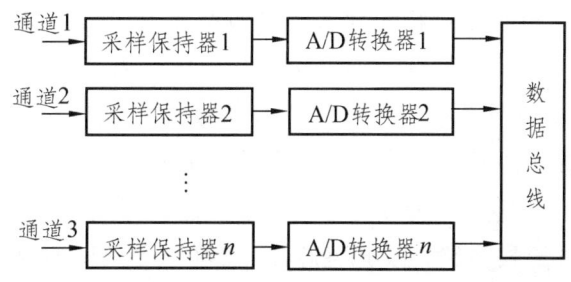

(a)同时采样的两种方式(同时采样,同时 A/D 转换)

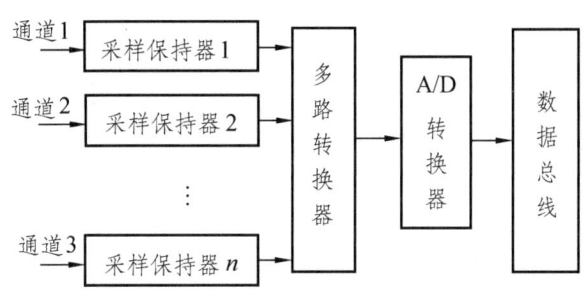

（b）同时采样的两种方式（同时采样，依次 A/D 转换图）

图 2-16　同时采样的两种方式

所谓顺序采样，是指在每一个采样周期内，对上一个通道完成采样及 A/D 转换后，再开始对下一个通道进行采样。顺序采样方式如图 2-17 所示。

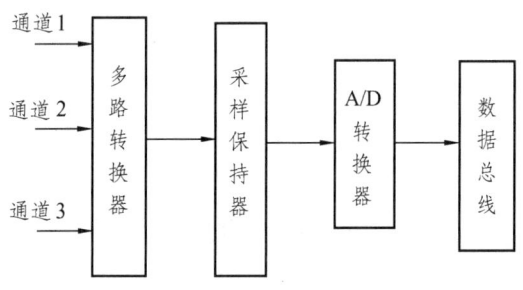

图 2-17　顺序采样方式

所谓分组同时采样，是指将所有输入通道分成若干组，在组内各通道实行同时采样，而各组间人为地增加一时延，在完成同一组的模拟输入信号采样后，再对其他组的模拟输入信号进行采样。

**4．多路转换开关**

多路转换开关又称多路转换器，在实际的数据采集过程中，被模数转换的模拟量往往可能是几路或几十路，对这些回路的模拟量进行采样和 A/D 变换时，为了共用 A/D 变换器而节省硬件，可以利用多路转换开关轮流切换各被测量与 A/D 变换电路的通路，达到分时转换的目的。在模拟量输入通道中，其各路开关是"多选一"，即其输入是多路待变换的模拟量，每次只选通一路接至 A/D 变换器。在微机保护系统中，多路转换开关主要是由微机系统按照某种方式（按顺序或随机选择）选择多路模拟量的一路进行 A/D 转换。

下面以八选一的电子式多路转换开关芯片 CD4051 为例，说明多路转换开关的工作过程。CD4051 的内部结构见图 2-18。

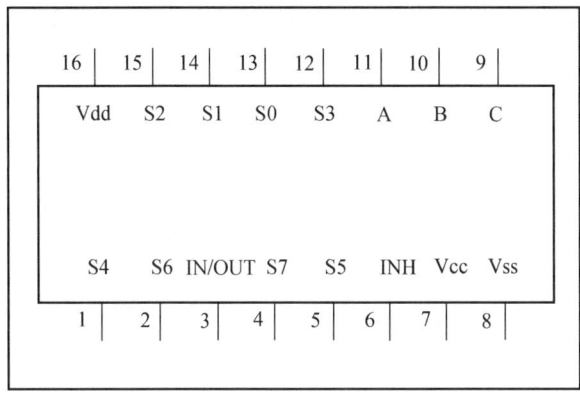

图 2-18　CD4051 多路选择开关引脚示意图

CD4051/CC4051 是单 8 通道数字控制模拟电子开关，共有 16 引脚，各主要引脚功能如下：

① S0～S7：模拟量输入（输出），分别是引脚 1、2、4、5、12、13、14、15；
② A B C：地址端，分别是引脚 9、10、11；
③ INH：禁止端，是引脚 6；
④ Vcc、Vdd：电源端，分别是引脚 7、16；
⑤ Vss：数字信号接地端，是引脚 8；
⑥ IN/OUT：输入输出端，是引脚 3。

表 2-1 为 CD4051 各引脚的配合。

表 2-1　CD4051 各引脚的配合

| INH 禁止端 | A B C | 选通通道 | 选中开关 | 输出 IN/OUT |
|---|---|---|---|---|
| 0 | 0 0 0 | 0 | S0 | $U_o = U_{i0}$ |
| 0 | 0 0 1 | 1 | S1 | $U_o = U_{i1}$ |
| … | … | … | … | … |
| 0 | 1 1 1 | 7 | S7 | $U_o = U_{i7}$ |
| 1 | × × × | 禁止 | 无 | 无输出 |

其中，Vcc 可以接负电压，也可以接地。当输入电压有负值时，Vcc 必须接负电压，其他时候可以接地。Vdd 接电源正极，一般为 5 V 电平信号。

选择原理如下：多路转换开关由选择接通路数的二进制译码电路和由它控制的各路电子开关（S0～S7）构成，电子开关受 3 路通道地址线 A、B、C 的状态和禁止端 INH 电平的共同控制。首先禁止端 INH 输入电平置 1 时，所有的通道截止。只有当 INH 输入电平置 0 时，多路转换开关开始工作，CPU 通过并行接口芯片或其他硬件电路给 A、B、C 赋值，三位二进制信号才可以选通 8 通道中的一个通道，选通控制开关 S0～S7 中的 1

路开关闭合,并将此路对应的输入端 $U_{in}$ 接通到输出端 $U_o$。图 2-19 中因有三路通道地址选线,故可实现对 8（$2^3$）路通道的选择。

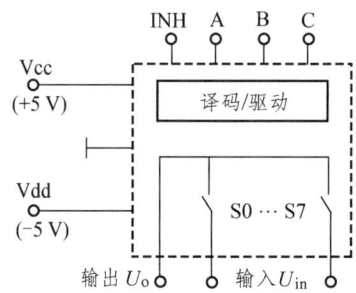

图 2-19　八路选一多路转换开关

### 5. 模/数变换（A/D 转换器）

A/D 转换器是数据采集系统的核心,是一种能把连续变化的模拟信号变成与它成正比的数字信号的电子器件。这些处理好的数字量,再通过适当的接口送入微处理器,以便计算机进行处理、存储、控制和显示。在电力系统和综合自动化系统中,A/D 转换器处理的模拟量泛指电压、电阻、电流、时间等参量,但在一般情况下,模拟量指电压。通常,把 A/D 转换器及其接口称为模拟量输入通道。

根据其工作原理的不同可将 A/D 转换器分为逐位逼近型、双积分型、电压/频率型等。图 2-20 为逐位逼近型 A/D 转换器的结构图,由 $n$ 位 A/D 转换器比较器、$n$ 位 D/A 转换器、逐位逼近寄存器、控制时序和逻辑电路、数字量输出锁存器五部分组成。以 4 位 A/D 转换器为例,首先将最高位 $D_3$ 置 1,其余各位为 0,得数字量 1000,通过 D/A 转换为模拟量,形成反馈电压 $U$。输入到比较器与输入模拟量 $U_{in}$ 进行比较,若 $U_{in} > U_o$,则保留 $D_3$ 为 1,否则为 0；接下来设置 $D_2$ 为 1,并保留 $D_3$ 比较结果,而 $D_1$、$D_0$ 为 0,再次进行比较,以确定 $D_2$,以此类推确定 $D_1$、$D_0$,这样产生的数字量逐次逼近输入的模拟量 $U_{in}$,最后得出转换结果通过数字量锁存器输出。

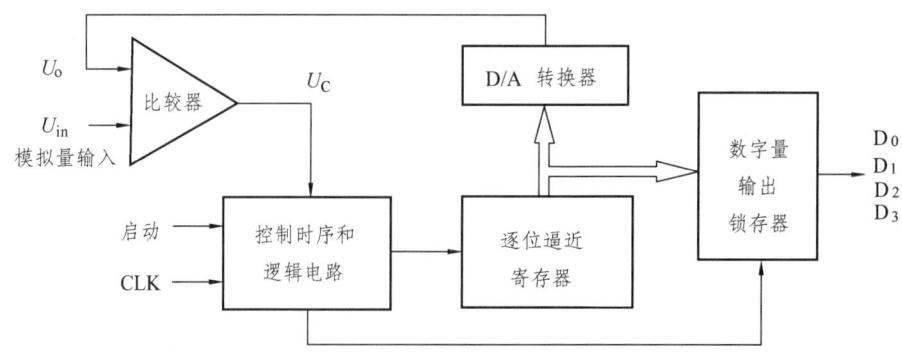

图 2-20　逐次逼近型 A/D 转换器结构图

A/D 转换器的技术指标包括分辨率与量化误差、转换精度、转换速率、满刻度范围。

① 分辨率与量化误差。分辨率是 A/D 转换器对输入模拟量最小变化量的反应能力，是数字量变化一个字所对应模拟信号的变化量。例如，A/D 转换器的分辨率取决于 A/D 转换器的位数，某 A/D 转换器为 12 位，即表示该转换器可以用 $2^{12}$ 个二进制数对输入模拟量进行量化。若允许最大输入电压为 10 V，则它能分辨输入模拟电压的最小变化量为 $10\ V \times 1/2^{12} = 2.4\ mV$。

量化误差是由于 A/D 转换器有限字长数字量对输入模拟量进行离散取样（量化）引起的误差，其大小在理论上也为一个单位（1LSB）。量化误差和分辨率是统一的，即提高分辨率可以减小量化误差。

② 转换精度。转换精度反映了一个实际 A/D 转换器与一个理想 A/D 转换器在量化值上的差值，用绝对误差或相对误差来表示。由于理想 A/D 转换器也存在着量化误差，因此，实际 A/D 转换器转换精度所对应的误差指标不包括量化误差在内。

③ 转换速率。转换速率是指 A/D 转换器在每秒钟内所能完成的转换次数。转换速率也可表述为转换时间，即 A/D 转换从启动到结束所需的时间，转换速率与转换时间互为倒数。例如，某 A/D 转换器的转换速率为 5 MHz，则其转换时间是 200 ns。

④ 满刻度范围。满刻度范围是指 A/D 转换器所允许最大的输入电压范围。实际的 A/D 转换器的最大输入电压值总比满刻度值小 $1/2^n$（$n$ 为转换器的位数）。这是因为 0 值也是 $2^n$ 个转换器状态中的一个。例如，12 位的 A/D 转换器，其满刻度值为 10 V，而实际允许的最大输入电压值为 $(1-1/2^n) \times 10 = 9.9976\ V$。

（二）模拟量输出电路

在综合自动化系统中，计算机的输出是以数字形式给出的，而有的执行元件要求提供模拟的电流或电压。模拟量输出通道的作用就是将计算机输出的数字量转换成模拟量输出，去驱动模拟调节、执行机构等工作。微处理器处理后的数据往往又需要使用 D/A 转换器及相应的接口将其变换成模拟量送出。我们把 D/A 转换器及相应的接口称为模拟量输出通道。

模拟量输出通道一般由接口电路、数模（D/A）转换器、数据锁存器、多路转换器、放大驱动电路等组成。模拟量输出通道组成框图如图 2-21 所示。

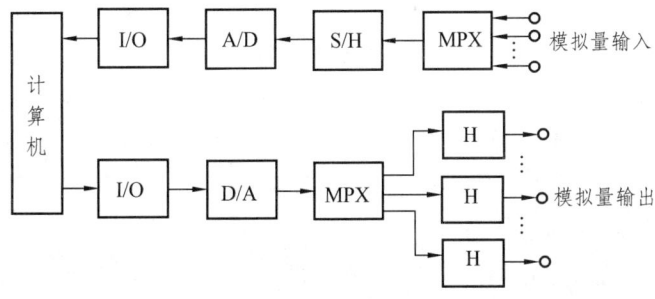

图 2-21　模拟量输出通道组成框图

下面对 D/A 转换器的基本原理进行简单介绍。D/A 转换器，是一种能把数字量转换成模拟量的电子器件。D/A 转换器输出的模拟量能随输入数字量成正比例变化，即有

$$u_0 = DU_R$$

式中，$U_R$ 为常量，由参考电压决定；$D$ 为二进制数字量。数字量 $D$ 的位数由 D/A 转换器芯片型号决定，通常为 8 位、12 位等。

$D$ 为 $n$ 位时的通式为

$$D = B_1 \times 2^{-1} - B_2 \times 2^{-2} + \cdots + B_n \times 2^{-n} \qquad (2\text{-}4)$$

式中，$B_1$ 为 $D$ 的最高位；$B_n$ 为 $D$ 的最低位。$2^{-1}$、$2^{-2}$、…、$2^{-n}$ 等即为"权"。

由式（2-4）可知，D/A 转换器的数模转换功能是采用"按权展开，然后相加"原理实现的，即 D/A 转换器要能把输入数字量中的每一位都按权值分别转换成模拟量，并通过运算放大器求和相加。因此，D/A 转换器内部要有一个解码网络，以实现按权分别进行 D/A 转换器。解码网络通常采用 T 型电阻网络进行解码。一个 4 位 T 型电阻网络 D/A 转换器的原理电路如图 2-22 所示。

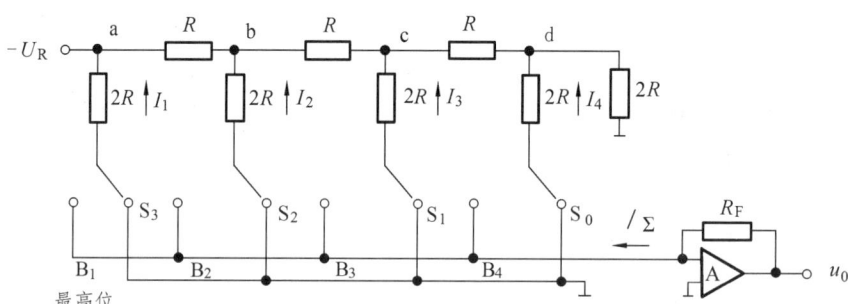

图 2-22  T 型电阻网络 D/A 转换器原理电路

# 第三节　变电所综合自动化开关量信息采集

## 一、变电所综合自动化采集开关量

在数据采集系统中，除了模拟信号外，还有大量的以二进制数字变化为特点的信号，如断路器、隔离开关的状态，某些数值的限内或越限，断路器的触点以及人机联系的功能键的状态等。开关量输入电路的基本功能就是将测控对象需要的状态信号引入微机系统，如输电线路断路器状态等。输出电路主要是将 CPU 送出的数字信号或数据进行显示、控制或调节，如断路器跳闸命令和光字牌、报警信号等。

开关量信号都是成组并行输入（出）微型机系统，每组一般为微机系统的字节，即 8、16 或 32 位。对于断路器、隔离开关等开关量的状态，体现了在开关量信号的每一位

上,如断路器的分、合两种工作状态,可用"0""1"表示。下面介绍开关量输出及输入电路的几个主要问题。

## 二、开关量信息采集通道的组成与功能

### 1. 开关量输入电路

开关量输入电路包括断路器和隔离开关的辅助触点、跳闸位置继电器接点、有载调压变压器的分接头位置输入、外部装置闭锁重合闸触点输入、装置上连接片位置输入等回路,这些输入可分成两大类。

(1) 安装在装置面板上的接点。这类接点包括在装置调试时用的或运行中定期检查装置用的键盘接点以及切换装置工作方式用的转换开关等。

(2) 从装置外部经过端子排引入装置的接点。如需要由运行人员不打开装置外盖在运行中切换的各种压板、转换开关以及其他装置和操作继电器等。

对于装在装置面板上的接点,可直接接至微机的并行口,如图 2-23 所示。只要在可初始化规定图中可编程的并行口的 PA0 为输入端,CPU 就可以通过软件查询,随时知道图 2-23 外部接点 $S_1$ 的状态。

对于从装置外部引入的接点,如果也按图 2-23(a)所示接线将给微机引入干扰,故应经光电隔离,如图 2-23(b)所示。图中,虚线框内是一个光电耦合器件,集成在一个芯片内。当外部接点 $S_1$ 接通时,有电流通过光电器件的发光二极管回路,使光敏三极管导通。$S_1$ 断开时,光敏三极管截止。因此,三极管的导通与截止完全反映了外部接点的状态,如同将 $S_1$ 接到三极管的位置一样,不同点是使可能带有电磁干扰的外部接线回路和微机的电路部分之间无直接电的联系,而光电耦合芯片的两个互相隔离部分的分布电容为几微法,因此可大大削弱干扰。

### 2. 开关量输入/输出的隔离

所谓的开关量的隔离,是指低压输出电路与大功率电源的隔离、外部现场器件以及传输线与数字电路的隔离、多个输出电路之间的隔离等。

开关量的隔离是基于以下考虑:一是变电所断路器、隔离开关的辅助触点距离主控室一般较远(约几十米),同时为了克服辅助触点的接触电阻,作为开关信号的电压一般都较高(采用 110 V 或 220 V)这种高电压是不能直接进入微机接口电路的,因此必须加以隔离。二是断路器、隔离开关和继电器等,常处于强电场中,电磁干扰比较严重,若不采取隔离措施,则当开关(触点)动作时,可能会干扰程序的正常运行,产生所谓的"飞车"的软故障,甚至损坏接口芯片或 CPU。

常用的开关量的隔离方法主要有光电隔离、继电隔离、继电器和光电耦合器双重隔离等三种。

(1) 光电隔离。

利用光电耦合器可以实现现场开关量与计算机总线之间的完全隔离。光电耦合器的原理接线如图 2-23 所示。

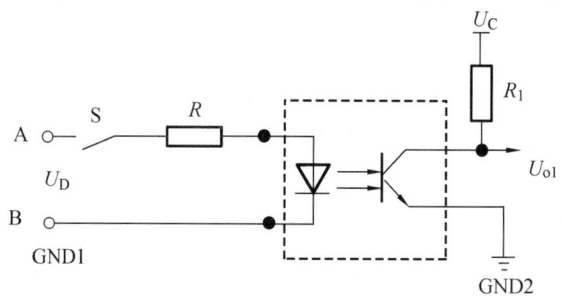

（a）光电耦合器（输出为低电平）

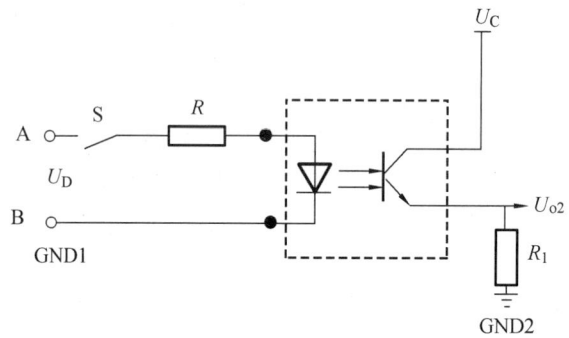

（b）光电耦合器（输出为高电平）

图 2-23 光电耦合器原理接线图

光电耦合器由发光二极管和光敏三极管组成，集成在一个芯片内，发光二极管和光敏三极管之间完全绝缘且分布电容极少，这样就极大地削弱了外部接线回路对微机系统的干扰。在光电耦合器里，信息传送介质为光，但输入和输出都是电信号，由于信息的传送和转换的过程都是在不透光的密闭环境中进行的，因而排除了外界电磁信号的干扰和外界光的影响。

光电耦合器的工作原理为：当开关 S 合上时，二极管导通且发光，使光敏三极管饱和导通，于是输出 $U_{o1}$ 或 $U_{o2}$ 便有了点位的变换。图 2-23 中的两种接线方式，其输出电平不同，可以灵活选用。必须注意的是，GND1 和 GND2 不能共地。

（2）继电器隔离。

开关量的继电器隔离方式的原理接线图如图 2-24 所示。

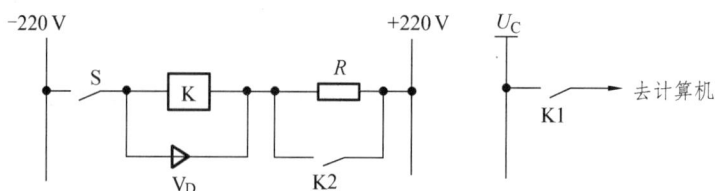

（a）现场开关辅助触点接入电路　　（b）继电器触点输出电路

图 2-24 开关量的继电器隔离方式原理接线图

利用现场开关的辅助触点 S 接通，去启动小信号继电器 K，然后由 K 的触点 K1 接至微机的输入接口。

（3）继电器和光电耦合器双重隔离。

在线路比较长、干扰比较严重的场合，可以同时采用继电器和光电耦合器双重隔离，以增强隔离的效果，即现场开关的辅助触点先经过继电器隔离，继电器的辅助触点在经过光电耦合器隔离，然后接至微机的输入接口。这种双重隔离对提高抗干扰能力和消除开关动作时的抖动具有很好的效果。

### 3. 开关量采集的抗干扰措施

开关量采集的抗干扰有硬件和软件两种实现措施。

硬件抗干扰措施称为去抖电路，是为了消除开关操作时产生的抖动。去抖电路有多种形式，最常用的是双稳态触发电路，利用正反馈作用使触发器状态迅速翻转，达到去抖的目的。

软件抗干扰措施是通过适当增加延时，以躲开触点抖动的影响。

开关信号经隔离、去抖以后就可以进入微机接口。如果开关量数目不多，可以采用一对一的方式输入，即一个开关量占用一个 I/O 通道。采用这种方式的软件最简单，只要检测到开关状态有变位，就可以直接转入相应的服务子程序。当开关量数目较多时，为了节省通道和接口，可以采用矩形输入方式，用 $N$ 个通道就可以输出 $N^2/2$ 个开关量。

### 4. 开关量的采集方式

微机采集开关量，可以采用定时查询方式和中断方式。定时查询方式响应速度比较慢，而中断方式响应比较及时。究竟采用哪一种方式，应根据开关状态变化的快慢及重要程度等确定。如对隔离开关，一般可采用定时（如 1 s）查询方式；对断路器和继电器的状态，既可采用定时查询方式，也可以采用中断方式。

### 5. 开关变位的识别

开关量的状态通常用一位二进制数来表示，例如用"0"代表"断开"，用"1"代表"闭合"。而变电所的开关量数目通常很多，要确定其中的开关是否产生变位（即由 0 变 1 或由 1 变 0），就需要开关原来的状态（原状）和现在的状态（现状）进行某些逻辑运算，从而筛选出产生变位的开关，确定其变位方向。

开关变位的识别，可采用以下方法：

① 现状 + 原状，若有变位则该位为 1；若无变位，则该位为 0。

②（现状 + 原状）原状，若为 1，则该位由 1→0。

③（现状 + 原状）现状，若为 1，则该位由 0→1。

### 6. 开关量输出回路

开关量输出主要包括自己装置的跳闸出口以及信号等，一般都采用并行接口的输出来控制有节点继电器（干簧后密封小中间继电器）的方法，但为提高抗干扰能力，最好也经过一级光电隔离，如图 2-25 所示。

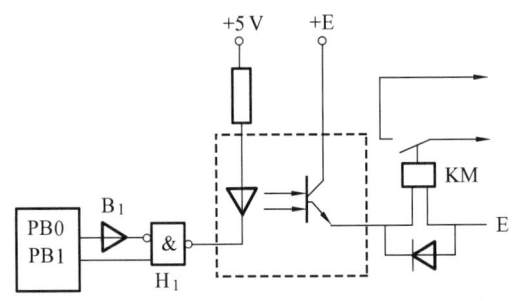

图 2-25 装置开关输出回路接线图

只要通过软件使并行口的 PB0 输出"0"，PB1 输出"1"，便可使与非门 $H_1$ 输出低电平，光敏三极管导通，继电器 KM 被吸合。

在初始化和需要继电器 KM 返回时，应使 PB0 输出"1"，PB1 输出"0"。

设置反相器 $B_1$ 及与非门 $H_1$ 而不将发光二极管直接同并行口相连，一方面是因为并行口带负载能力有限，不足以驱动发光二极管，另一方面是因为采用与非门后要满足两个条件才能使 KM 动作，增加了抗干扰能力。为了防止拉合直流电源的过程中继电器 KM 的短时误动，将 PB0 经一反相器输出，而 PB1 不经反相器输出。因为在拉合直流电源过程中，当 5 V 电源处于某一个临界电压值时，可能由于逻辑电路的工作紊乱而造成自动装置误动作，特别是自动装置的电源往往接有大量的电容器，所以拉合直流电源时，无论是 5 V 电源还是驱动继电器 KM 用的电源 $E$，都可能相当缓慢地上升或下降，从而完全可能来得及使继电器 KM 的触点短时闭合。由于采用上述接法后，两个反相条件的互相制约，可以可靠地防止误动作。

# 第四节 变电所综合自动化信息采集的应用

变电所中的模拟量有三类：其一是快速变化的交流量，如交流电压、电流等；其二是变化缓慢的直流，如控制直流电压 ±KM、操作直流电压 ±HM；其三是变化缓慢的非电量，如频率、温度、水位、油压、转速等。

## 一、变电所电压、电流的采集

### 1. 直流电压、电流的采集

直流电压和电流，属于变化缓慢的电量，用直流平均值反应该物理量，能满足变电所的实时性要求，也很容易实现，一般用直流采样技术进行采集。

直流采样技术是从二次回路中获取信号，通过电子变换电路，输出与某电气量成正比的直流模拟信号，其缺点有：

第一，每个变送器只能测取一个或两个电气量，变电站中必须使用较多的变送器，投资大、占用空间大。

第二，变送器输出的模拟信号是滤波后的平均值，不能反映实际的波形变化情况。

第三，这些电量变送器都是电力互感器二次回路的负载，接入变送器越多，二次回路负载越重，互感器的实际变换误差就越大。

在综合自动化系统中，直流采样通常用变送器直流电压输出信号与后继设备接口。但此直流模拟电压必须经过 A/D 转换器转换成数字量后才能供计算机做直流采样。

实现 A/D 转换的方法有积分法和逐次逼近法等。积分法对输入信号进行积分，取其平均值，瞬间干扰和较高频率的噪声对转换结果影响较小，但积分式的转换时间较长，一般需几十毫秒。逐次逼近式的抗干扰能力不如积分法，但转换速度快，完成一次转换低速的约 $100\ \mu s$，高速的不到 $10\ \mu s$。

模数转换芯片大多用于单极性输入电压，也可以做成适用于双极性输入电压。例如可以先对输入电压的极性进行判别，确定符号位，然后对数值部分进行转换。转换结果最高位是符号位，通常以"0"表示正极性，以"1"表示负极性，其余是数值部分。这种转换的结果实际上是以原码方式来表示带符号的数。

### 2. 交流电压、电流的采集

对于快速变化的交流电压、电流，用直流平均值反映此类物理量，不能满足变电所实时性要求，而要用交流采样方式。交流采样技术，就是通过对互感器二次回路中的交流电压信号和交流电流信号直接采样（瞬时值），根据一组采样值，通过对其模/数变换将其变换为数字量，再对数字量进行计算，从而获得电压、电流、功率、电能等电气量值。

交流采样避免了直流采样中的整流、滤波环节的时间常数大的影响，满足了变电所实时性的要求；能快速测得瞬时值，因此能利用瞬时值形成波形，便于波形分析、故障录波；交流采样电流、电压后，还可以通过软件计算有功功率、无功功率、电能电量，因此省去了有功、无功功率变送器，节约了投资，减少了变送器屏幕数量。所以对这类电量必须采用交流采样。

## 二、变压器温度的采集

变电所中由于温度不高，常用的测温器件有热电阻和热敏电阻。热电阻是利用导体的电阻随温度变化的特性来测量温度。测温范围为 -200~500 ℃，常用于中、低温区的测量。热敏电阻是利用半导体的电阻值随温度变化而显著变化的原理测量温度，测温范围为 -50~300 ℃。变电站温度测量大多采用热电阻作为一次元件，应用较广泛的热电阻材料有铂和铜；低温测量采用铟、锰等。

热电阻测温电路常用的是电桥电路，如图 2-26 所示。

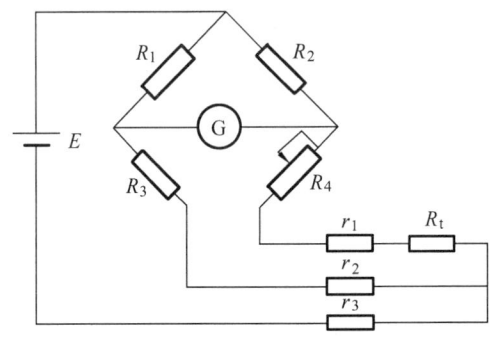

图 2-26 桥形测温电路

将热电阻作为测量温度的一次元件，它仅将温度高低转变为电阻值的大小，只有测量出电阻值的大小才能推知温度的高低。在变电站综合自动化系统中，用热电阻测量的温度信号要远传到变电站控制室，所以应采用温度变送器将温度变化引起的电阻值变化变换成统一的电信号。

待测的油温信号被转换成 0~10 V 的电压信号，直接送往模拟量输入通道的输入端。当接收到数据采集控制信号后，系统就对该信号进行定时采集，由定时器进行控制，每隔一定时间采集一点，存入规定的数据表格。温度数据的采集，由设定程序来实现。数据采集满 8 点后，采集过程结束，关闭定时器，自动转入温度数据的处理程序：计算温度的平均值。平均值计算不是采用简单的算术累加、平均。而是将算术累加后，减去最高温度值和最低温度值，然后再进行平均。这样得到的平均温度值更精确，大大降低了偶然因素带来的影响。所以程序中必须对存放在表格中的温度数据进行处理，先找出最高温度值，存入寄存器；再找出最低温度值，存入寄存器；然后，去掉一个最高温度值，去掉一个最低温度值，再计算平均温度值，最终结果存入相应寄存器中。

采集到的变压器油温数据，通过测控装置或 PLC 采集到以后，经网络传输，供当地监控和远程调度监控使用，实现变压器油温数据的实时监控。

## 思 考 题

1. 变电所高压侧、低压侧模拟量分别采集哪些信息？
2. 变电所断路器的开关状态是如何被自动化系统识别的？
3. 变电所高压侧母线电压是如何被自动化系统采集的？
4. 简述变电所模拟量采集的方法。
5. 简述变电所开关量采集的方法。
6. 开关量输入输出环节可采取的隔离措施有哪些？
7. 简述变压器油温采集过程。

# 第三章 变电所综合自动化系统的控制与调节

**知识目标：**

（1）了解变电所综合自动化系统控制调节装置的结构。
（2）掌握变电所综合自动化系统控制调节装置的功能。
（3）掌握变电所综合自动化系统控制的开关量。
（4）掌握变电所综合自动化系统调节的物理量。

**能力目标：**

（1）能够看懂保护测控装置的硬件原理接线图。
（2）能够正确分析断路器控制回路接线图中的遥控分闸、遥控合闸回路。
（3）能够理解保护测控装置的控制、调节功能。

**素质目标：**

（1）培养电气识图及相关专业内容的理解能力。
（2）培养运用所学知识分析问题、解决问题的能力。

在变电所综合自动化系统中，测控装置担负着数据采集、处理，对断路器、隔离开关进行控制等重要任务，变电站层监控装置或调度端通过测控装置获取现场的数据信息，进行各种分析，同时，变电站层或调度端可通过测控装置对断路器、隔离开关等设备进行开关操作，利用测控装置还可对有载调压变压器进行调压，当开关量变位时能够按照设定值发告警信号，向后台传送电笛或电铃标志信号。当通过测控装置对断路器、隔离开关等进行操作时，可以实现防误闭锁操作判断。

## 第一节 变电所综合自动化系统控制与调节装置

### 一、控制与调节装置的功能

**1. 开关量采集功能**

开关量采集功能完成变电所开关量（断路器位置、刀闸位置、保护动作信号及其他开入信号）的采集，并将开入变化以状态变位及事件顺序（SOE）记录的格式上传至调度。

**2. 测量功能**

测量功能完成变电所模拟量（电气量及非电气量）的采集，如电压、电流、有功功率、无功功率、功率因数等；频率、负荷录波、故障录波、故障报告、断路器分、合闸时间统计等。

**3. 控制功能**

操作人员能够实现就地控制，以及调度中心或后台监控装置通过网络进行遥控，对断路器和隔离开关进行分、合操作，并通过开关量等信息来判断操作是否正确执行，并能对变压器分接开关位置进行调节调压控制。

**4. 遥信功能**

遥信功能："当地/远方"运行方式开关位置、电动隔离开关位置、控制回路断线、断路器分/合闸闭锁、装置异常呼唤、装置告警等。

**5. 防误闭锁**

防误闭锁能够根据现场需要实现防误功能。一方面通过本间隔的断路器、隔离开关、接地开关等信号，实现本间隔自身的防误闭锁要求；另一方面通过网络之间的信息互换，本间隔通过网络得到所需的其他间隔的防误闭锁信息，再通过本间隔中的可编程逻辑控制功能来实现具有间隔之间防误闭锁的要求。

**6. 通信功能**

利用网络接口可经通信网络与变电站层设备通信，满足变电站综合自动化系统网络通信的需要。

## 二、测控装置硬件结构

测控装置基本上按模块化设计。不同的功能模块，组合成不同的产品，这样可实现功能模块的标准化，实际应用中可根据应用需求增减模块。

测控装置一般由交流插件、CPU插件、逻辑插件、出口插件、电源插件、通信插件以及人机接口插件等模块构成，如图3-1所示。

### （一）交流/采样插件

该模块提供多个电压输入和电流输入回路，供保护和测量用，交流量经变换后通过有源低通滤波、采样保持、多路转换送到保护模块。

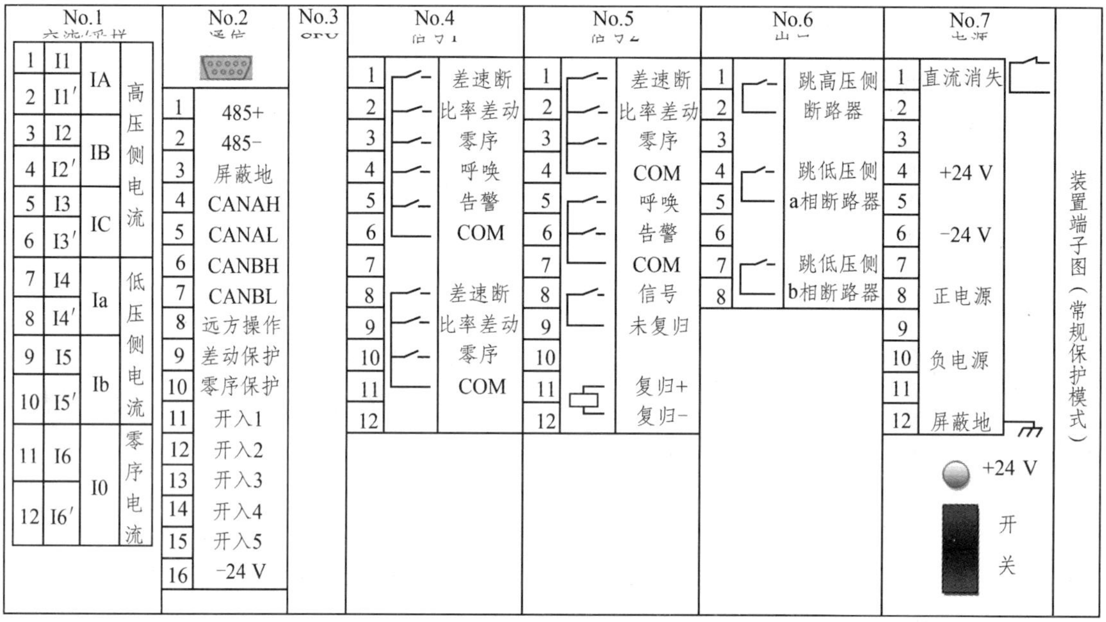

## 图 3-1 某微机变压器保护测控装置硬件原理接线图

| No.1 交流采样 | | | No.2 遥信 | | No.3 CPU | No.4 伯1 | | No.5 伯2 | | No.6 出口 | | No.7 电源 | | 装置端子图（常规保护模式） |
|---|---|---|---|---|---|---|---|---|---|---|---|---|---|---|
| 1 | I1 | IA 高压侧电流 | 1 | 485+ | | 1 | 差速断 | 1 | 差速断 | 1 | 跳高压侧断路器 | 1 | 直流消失 | |
| 2 | I1′ | | 2 | 485- | | 2 | 比率差动 | 2 | 比率差动 | 2 | | 2 | | |
| 3 | I2 | IB | 3 | 屏蔽地 | | 3 | 零序 | 3 | 零序 | 3 | | 3 | | |
| 4 | I2′ | | 4 | CANAH | | 4 | 呼唤告警 | 4 | COM | 4 | 跳低压侧a相断路器 | 4 | +24V | |
| 5 | I3 | IC | 5 | CANAL | | 5 | COM | 5 | 呼唤告警 | 5 | | 5 | | |
| 6 | I3′ | | 6 | CANBH | | 6 | | 6 | | 6 | | 6 | -24V | |
| 7 | I4 | Ia 低压侧电流 | 7 | CANBL | | 7 | | 7 | COM | 7 | 跳低压侧b相断路器 | 7 | | |
| 8 | I4′ | | 8 | 远方操作 | | 8 | 差速断 | 8 | 信号未复归 | 8 | | 8 | 正电源 | |
| 9 | I5 | Ib | 9 | 差动保护 | | 9 | 比率差动 | 9 | | | | 9 | 负电源 | |
| 10 | I5′ | | 10 | 零序保护 | | 10 | 零序 | 10 | | | | 10 | | |
| 11 | I6 | I0 零序电流 | 11 | 开入1 | | 11 | COM | 11 | 复归+ | | | 11 | | |
| 12 | I6′ | | 12 | 开入2 | | 12 | | 12 | 复归- | | | 12 | 屏蔽地 | |
| | | | 13 | 开入3 | | | | | | | | | | |
| | | | 14 | 开入4 | | | | | | | | | | |
| | | | 15 | 开入5 | | | | | | | | | | |
| | | | 16 | -24V | | | | | | | | | | |

（带 +24V 指示灯及开关）

### （二）通信插件

该模块提供了以太网、CAN 网、RS-485 网、GPS 对时网和 RS-232C 等通信接口，通过网络可接入变电站自动化系统，通过 RS-232C 串行通信接口连接 PC 机，可以借助 PC 机上安装的调试软件包对装置进行各种测试。

#### 1. CPU 插件

CPU 模块是本装置的核心模块，由 CPU、RAM、ROM 和串行 EEPROM 构成。高性能的微处理器 CPU，大容量的 ROM、RAM 使得该 CPU 具有极强的数据处理能力，可以实现各种复杂的故障处理功能，通过内部专用 CAN 网络和监控面板高速通信，使各种事件都可得到快速响应。

#### 2. 逻辑插件

逻辑模块提供保护跳合闸控制、遥控跳合闸控制、动作及告警信号输出等功能，并起到电气隔离的作用。该插件的主要构成部件是继电器，保护跳闸、保护合闸由该保护测控装置 CPU 发出的命令控制，遥控跳闸、遥控合闸由运行人员操作变电站层监控设备或调度端下发，再由该测控装置 CPU 执行输出的命令控制；自检告警和运行告警是 CPU 检测到装置的硬件或软件出现异常时发出的闭锁命令和信号；保护动作信号由 CPU 发出跳闸命令的同时发出。

### 3. 信号插件

该模块提供各种保护动作信号,并提供多路开入及输出回路,用于断路器及隔离开关的控制操作。

### 4. 出口插件

该模块具有断路器操作及防跳功能,并提供保护动作信号及跳位、合位接点。

### 5. 人机接口插件(MMI)

该监控面板负责键盘处理、液晶显示、保护报文存储和变电站自动化系统的通信等,可记录含录波数据的故障报告及开入变位事件,这些信息在装置直流电源消失时不丢失。

### 6. 电源插件

电源模块利用逆变原理将直流电流输入变换为装置工作所需的电源。

## 第二节 变电所综合自动化的控制

### 一、变电所综合自动化系统控制开关量

在变电站综合自动化系统中,通常对电气设备的间隔装置配置相应的保护测控装置,来完成对该间隔电气设备的保护,以及断路器、隔离开关、接地开关等的控制、操作。

对于不同电压等级的电气设备,配置的保护、测控装置也不相同。

对于 110 kV 以下电压等级的电气设备间隔,通常将电气设备保护、监控等功能用一个装置完成,即所谓的保护测控装置。它可以完成一个变压器间隔的所有保护及监控任务。

对于 220 kV 以上电压等级的电气设备间隔,通常保护装置和测控装置是各自独立的。保护装置只完成对该电气设备的保护功能,而综合测控装置则完成该间隔的监控任务。

有的测控装置在其内部带有操作电路,可直接完成开关量的控制操作,不需要另外接断路器的控制回路。而有的测控装置在装置内部没有控制回路,需要操作箱完成开关量的控制操作。

下面以牵引变电所中的牵引变压器间隔单元为例说明控制开关量的情况。

该牵引变压器高压侧电压为 110 kV,低压侧电压为 27.5 kV。需要进行控制的开关量有断路器的分、合闸,隔离开关的分、合闸,接地开关的分、合闸。

需要采集的开关量有断路器的状态,断路器的远方、就地操作状态,隔离开关的状态,接地开关的状态,断路器、隔离开关操作机构中的告警信号,断路器操作箱中的动作信号和告警信号,如图3-2所示。

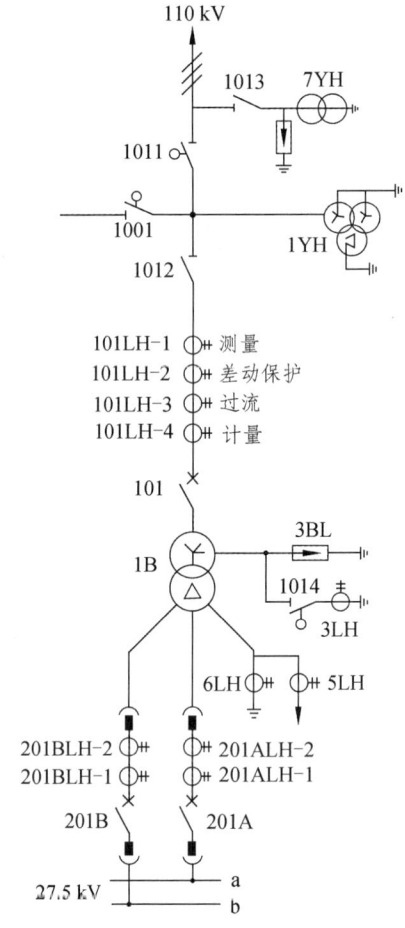

图 3-2 变压器电流输入回路接线图

## 二、开关量通道的组成与功能

对断路器的操作,可以有多种方式:正常的遥控操作、保护装置保护跳闸、自投操作,有多个装置需要操作断路器。因此,断路器的操作回路有两种处理方式:一种是每个装置都有独立的操作回路,可直接完成断路器的控制操作;另一种采用专门的操作箱,断路器的操作回路放在操作箱中,装置的控制开出和操作箱连接,完成断路器的控制操作。

如图 3-3 所示为 110 kV 牵引变电所的主变压器保护测控盘,以 WXB-652A 型保护测控装置为例说明开关量——断路器 201B 的控制。

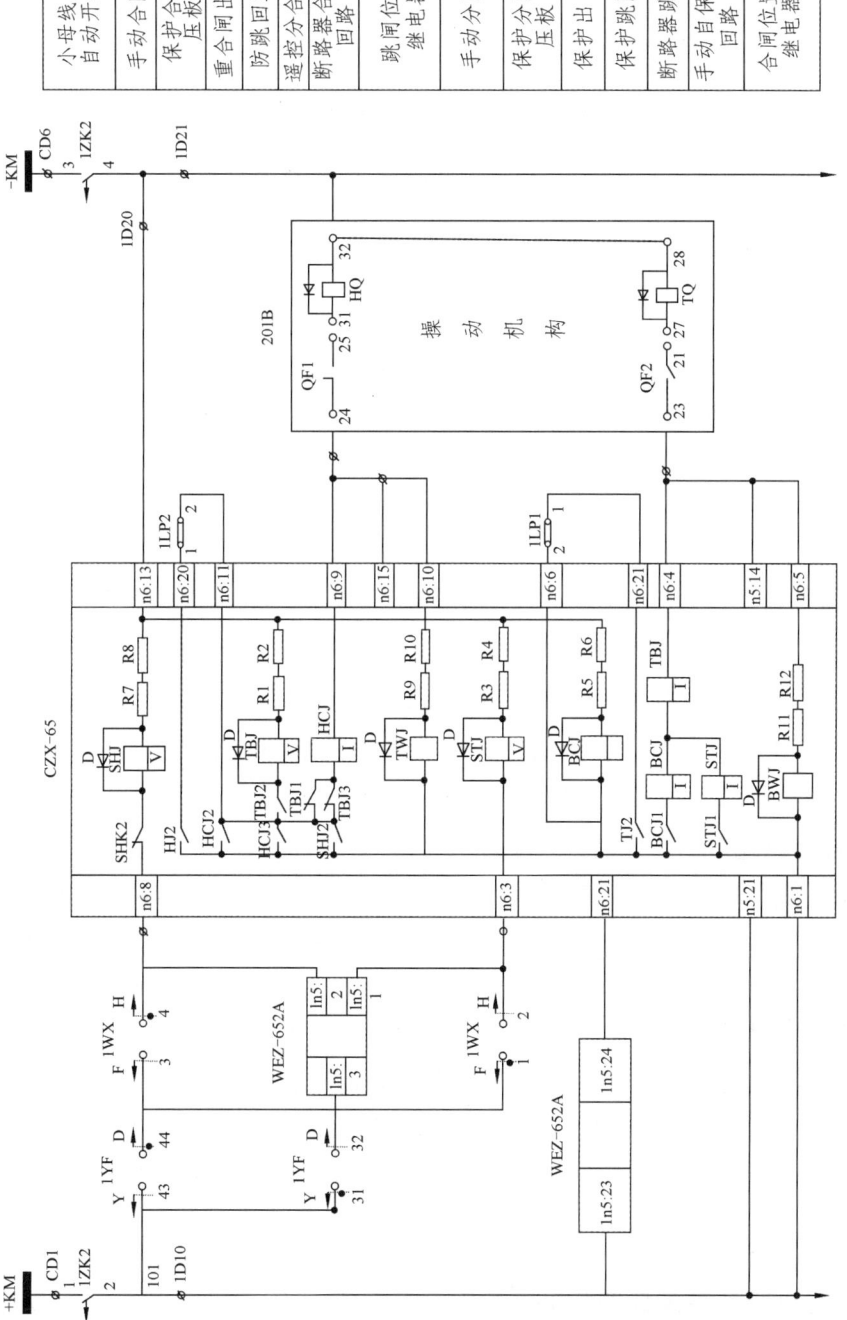

图 3-3 201B 断路器控制信号回路接线图

## （一）开关量通道的组成

该保护测控装置具有远方、就地操作状态的切换功能，当切换在远方状态时，由调度中心或监控主机进行远方操作；当切换在就地状态时，可以通过保护测控盘上的转换开关进行就地分、合闸操作。

该开关量的控制操作回路由 WXB-652A 型保护测控装置、CZX-65 操作箱以及操作箱中各种继电器、201B 操动机构和机构中包含的断路器合闸、跳闸线圈、合闸接点、分闸接点、1YF 遥控/屏控转换开关、1WK 控制开关等构成。

## （二）开关量通道的功能

### 1. 断路器的操作机构

WXB-652A 型保护测控装置对断路器的操作控制是通过操作机构 CZX-65 来实现的。该操作结构可以实现对断路器的手动分合闸、遥控分合闸、保护出口跳闸、自投合闸等控制操作。

### 2. 断路器的就地控制

断路器就地与远方控制的切换，通过操作 1YF 遥控/屏控转换开关实现。断路器的就地控制就是通过操作 1YF 转换开关来实现的。

对断路器进行就地合闸操作时，转换开关 1YF 置于屏控位置，触点 43、44 闭合。将控制开关 1WK 向右旋转 45°，其触电 3、4 闭合，手动合闸回路导通，完成断路器的合闸过程。

对断路器进行就地分闸操作时，转换开关 1YF 置于屏控位置，触点 43、44 闭合。将控制开关 1WK 向左旋转 45°，其触电 1、2 闭合，手动分闸回路导通，完成断路器的分闸过程。

### 3. 断路器的远方控制

断路器进行远方控制时，转换开关 1YF 置于遥控位置，触点 21、22 闭合。在调度中心或监控主机用鼠标操作，通过监控主机和网络传输信号。当进行分合闸操作时，驱动 WBZ-652A 保护测控装置，接通合闸回路或分闸回路，从而实现断路器的远方分、合闸操作控制。

### 4. 保护装置对断路器的跳闸控制

当保护装置判断保护应该动作时，装在逻辑插件上的跳闸继电器接点闭合，发出跳闸脉冲，完成断路器的保护出口跳闸。

# 第三节  变电所综合自动化的调节

随着电子技术、计算机技术和通信技术的发展，完成运行控制的装置逐步实现了智能化，使其监控功能得到了提高。变电所综合自动化技术的出现，逐步将所内自动化智能装置纳入综合自动化监控范围，变电所自动化控制和调节技术得到不断发展。

## 一、变电所综合自动化系统调节的物理量

电压是衡量电能质量的一个重要指标，保证用户处的电压接近额定值是电力系统运行调整的任务之一。各种电气设备都是按额定电压设计的，电压过高或过低，都会影响电气设备的寿命和效率，还可能使网损增大，甚至危及系统运行的稳定性。所以，改善电压质量可以节能，防止系统电压崩溃，提高安全稳定运行水平。系统的无功功率对电压水平影响极大，维持电网正常运行下的无功潮流的合理平衡，对提高电能质量，保证系统安全、可靠和经济运行有着重要的意义。

调节有载调压变压器的分接头以改变变压器的变比是常用的一种调压手段。在利用有载调压变压器分接头进行调压时，调压本身并不产生无功功率，因此在整个电力系统无功不足的情况下不可能用这种方法来提高全系统的电压水平；而利用补偿电容器进行调压，由于补偿装置本身可产生无功功率，能弥补系统无功的不足，然而在电力系统无功充足但由于无功分布不合理而造成电压质量下降时，这种方式又是无效的，因此将有载调压变压器和补偿电容器两者有机结合起来，才有可能达到良好的控制效果。

目前，各种电压等级的变电所中普遍采用了电压、无功综合控制器，就是在变电所中利用有载调压变压器和并联电容器组，根据运行情况进行本站的电压和无功自动调节，以保证电气设备电压在规定范围之内。

## 二、系统调节的方法与功能

### （一）系统调节方法

变电所就地电压、无功综合自动控制调节有两种方法：采用硬件装置、采用软件装置。

#### 1. 采用硬件装置

采样有载调压变压器和并联补偿电容器的数据，通过控制和逻辑运算实现全站的电压自动调节，以保证负荷侧母线电压在规定的范围之内以及进线功率因数尽可能高、有功损耗尽可能低的一种装置。这种装置有独立的硬件，因此它不受其他设备的运行状态影响，可靠性较高。

### 2. 采用软件装置

在就地监控站利用现成的遥测、遥信信息，通过运行控制算法，用软件模块控制方式来实现变电所电压和无功的自动调节。用这种方法可以实现通过调度端实施全系统电压与无功的综合在线控制。

## （二）系统调节电压

在变电所中，有载调压变压器装有自动调节装置，改变有载调压变压器的分接头，就能改变变压器的变比。所以，遥调命令将下达调节系统整定值信息，以及调节对象，以便变电站调度端对指定装置下达调节命令值。变电站端收到调节命令经检验合格后送给命令中指定的遥调对象，进而远程调节有载变压器分接头的位置，这种命令通常只是要求把分接头位置升高一档或降低一档。

# 第四节 变电所综合自动化系统控制与调节的应用

## 一、变电所综合自动化系统操作断路器分合闸

以图 3-3 为例说明断路器遥控分合闸的动作过程。

### 1. 断路器遥控电路

断路器是变电站中的主要设备，由遥控命令信息驱使断路器动作，如图 3-3 断路器控制信号回路接线图所示。

### 2. 断路器遥控分闸

现以 201B 号断路器分闸操作为例，说明遥控分闸电路的工作原理。

当综合自动化系统收到 201B 断路器分闸操作的命令后，转换开关 1YF 已置于遥控位置，触点 21、22 闭合。在调度中心或监控主机用鼠标操作，通过监控主机和网络传输信号。当进行分闸操作时，驱动 WBZ-652A 保护测控装置，即 WBZ-652A 保护测控装置的 1n5：1，1n5：3 接通，从而 +KM 的 "+" 电源到达保护测控装置的 n6：3，即 n6：3→STJ→n6：13→ "-KM"。STJ 线圈得电，常开接点 STJ1 闭合，"+KM"→n6：1→STJ1→STJ→TBJ→n6：4→23→28→32→ "-KM"，从而断路器跳闸线圈 TQ 得电，断路器跳闸。

### 3. 断路器遥控合闸

当综合自动化系统收到 201B 断路器合闸操作的命令后，转换开关 1YF 已置于遥控

位置，触点 21、22 闭合。在调度中心或监控主机用鼠标操作，通过监控主机和网络传输信号。当进行合闸操作时，驱动 WBZ-652A 保护测控装置，即 WBZ-652A 保护测控装置的 1n5：2，1n5：3 接通，从而 +KM 的"+"电源到达保护测控装置的 n6：8，即 n6：8→SHJ→n6：13→"-KM"。SHJ 线圈得电，常开接点 SHJ2 闭合，"+KM"→n6：1→SHJ2→HCJ→n6：9→24→32→"-KM"，HCJ 线圈得电，HCJ3 常开接点闭合，从而和 HCJ 线圈构成自保持回路，即"+KM"→n6：1→HCJ3→HCJ→n6：9→24→32→"-KM"，断路器合闸线圈 HQ 得电，断路器合闸。

## 二、变电所综合自动化系统操作调节电变压器的输出电压

变压器分接头有一组，其个数视变压器型号、电压等级不同而异。变压器分接头当前位置可采用档位变送器或遥控的方式采集，而变压器分接头位置则用遥控实现调节。

变压器分接头遥控操作有三种类型：遥控升压、遥控降压和遥控急停。

### 1. 遥控升压

将变压器分接头位置升高，使变压器高压侧绕组匝数 $\omega_1$ 减少。由于变压器低压侧的绕组匝数 $\omega_2$ 不变，从而使低压侧的电压升高。

### 2. 遥控降压

将变压器分接头位置降低，使变压器高压侧绕组匝数 $\omega_1$ 增加。由于变压器低压侧的绕组匝数 $\omega_2$ 不变，从而使低压侧的电压降低。

### 3. 遥控急停

当确认变压器分接头连续变化，出现"滑档"时的一种紧急遥控，它使分接头立即停止"滑档"。

# 思 考 题

1. 保护测控装置的结构有什么特点？有哪些基本功能？
2. 保护测控装置如何完成对断路器的控制？
3. 变电站电压调节的手段有哪些？

# 第四章　变电所综合自动化系统的通信技术

**知识目标：**

（1）了解数据通信的基本知识。
（2）了解现场总线的概念与应用。
（3）掌握数据串行通信和并行通信的基本概念。
（4）掌握计算机局域网基础。
（5）熟悉远动技术构成及功能。

**能力目标：**

（1）能区分数据通信传输方式、通信方式。
（2）网络连接测试与 Internet 操作。
（3）通过远动技术完成越区供电调度工作程序。

**素质目标：**

（1）对数据通信传输有更深的认识，对通信方式、线路方式及传输方式进行比较和分析，提高学生的判断能力。
（2）在学习通信网络时，提高学生的安全意识，使学生具备遵章守纪和团队协作精神。
（3）在课堂讨论与实践动手过程中，体现学生的创新意识。

## 第一节　数据通信基础

数据通信是计算机和通信相结合而产生的一种新的通信方式，它是各类计算机网络赖以建立的基础。通信的基本目的是在信息源和受信者之间交换信息，信息源、受信者及传输通道是通信的三要素。信息源是产生和发送信息的地方，如保护测控单元；受信者是接收和使用信息的地方；传输通道是信息源和受信者的桥梁。对于计算机网络系统，信息源和受信者的角色并不是固定不变的，它们有时互换角色，但在交换信息的某一瞬间，总是有一个是信息源而另一个是受信者。

通信的基本任务是将信息源进行信源编码后，传给发送设备，再由发送设备将待发送信息进行信道编码，转换成适合在通道中传送的信号，送入通道。

## 一、变电所综合自动化系统通信的内容

变电所综合自动化系统通信包括两个方面的内容：一是变电所内部各部分之间的信息传递，如保护动作信号传递给中央信号系统报警；二是变电所与操作控制中心的信息传递，即远动通信。变电所综合自动化系统向控制中心传送变电所的实时信息，如电压、电流、功率的数值大小和断路器的位置状态、事件记录等，接收控制中心的断路器操作控制命令和查询命令及其他操作控制命令。

变电所综合自动化系统是由三个层次组成的，即设备层、间隔层和变电所层，如果将变电所与上级调度归纳在内的话，还有一个调度层，各层次之间、各层次的内部及变电所与上级调度之间均需进行数据通信。在综合自动化系统中，其通信功能包括变电所内部的通信和自动化系统与上级调度的通信两部分。

### 1. 综合自动化系统与上级调度的通信

变电所综合自动化将站内继电保护、监控系统、信号采集、远动系统等结合为一个整体，将变电所的二次设备经过功能组合和优化设计，利用现代电子技术、通信技术和信号处理技术，实现对全变电所的主要设备和输、配电的自动监视、测量、自动控制、微机保护以及与调度通信等综合性的自动化功能。

### 2. 综合自动化系统的现场级通信

综合自动化系统的现场级通信，主要解决综合自动化系统内部各子系统与上位机（监控主机）之间的数据通信和信息交换问题，其通信范围是在变电所内部。对于集中组屏的综合自动化系统来说，实际是在主控室内部；对于分散安装的综合自动化系统来说，其通信范围扩大至主控室与子系统的安装地（如断路器屏柜间），通信距离加长了。综合自动化系统现场级的通信方式有并行数据通信、串行数据通信、局域网络和现场总线等。

## 二、数据通信的速率

衡量信号信道传输数字信号能力的主要指标包括码元传输速率和比特传输速率。

二进制数字信号采用 0 和 1 的码元表示，一个二进制码元称为 1 位。二进制数字信号的 1 位也叫二元码，通常也叫比特（bit）。每秒通过信道的码元传输速率，叫作波特率，用 $f_s$ 表示，单位是波特（Band，简写为 Bd）。波特率是衡量数据传送速率的指标，表示每秒钟传送的二进制位数。例如，数据传送速率为 120 字符/s，而每一个字符为 10

位,则其传送的波特率为 $10 \times 120 = 1\,200$ bit/s。每秒通过信道的比特数称为比特传输率,用 $f_b$ 表示,单位是比特/秒(bit/s)。二进制数字通信中,码元传输速率等于比特传输速率。

信息传输的可靠性与传输率有密切关系。传输速率越高,每秒传输的码元越多,每个码元所占的时间越短,其传输波形就越窄,越容易受到干扰(易出错),传输的可靠性就越低。

相反,传输速率越低,每秒传输的码元越少,每个码元所占时间越长,其传输波形就越宽,越不容易受到干扰(不易出错),传输的可靠性就越高。

为满足变电所综合自动化系统的信息传输需要,必须采用适当的抗干扰措施和适宜的传输速率。

目前最常用的标准波特率是 110、300、1 000、1 200、2 400、4 800、9 600 和 19 200 Bd。保护测控单元终端能处理 9 600 Bd 的传输,而打印机终端速度较慢,点阵打印机一般以 2 400 Bd 的速率来接收信号。

在测控装置内部衡量信息的传送速度,在测控装置与局域网交换信息时衡量传送速度,也包括网络通信与服务器之间数据交换时衡量传输速度,这些都需要使用通信传输速率来衡量传送速度。

## 三、数据通信的通信方式

数据串行通信分为两种方式:异步通信(ASYNC)与同步通信(SYNC)。

### (一)异步通信协议

异步通信是一种很常用的通信方式。异步通信在发送字符时,所发送的字符之间的时间间隔可以是任意的。当然,接收端必须时刻做好接收的准备(如果接收端主机的电源都没有加上,那么发送端发送字符就没有意义,因为接收端根本无法接收)。发送端可以在任意时刻开始发送字符,因此必须在每一个字符的开始和结束的地方加上标志,即加上开始位和停止位,以便使接收端能够正确地将每一个字符接收下来。异步通信的好处是通信设备简单、便宜,但传输效率较低(因为开始位和停止位的开销所占比例较大)。

例如,以异步通信方式传送一个字符的信息格式包含起始位、数据位、奇偶校验位、停止位等,其中各位的意义如图 4-1 所示。

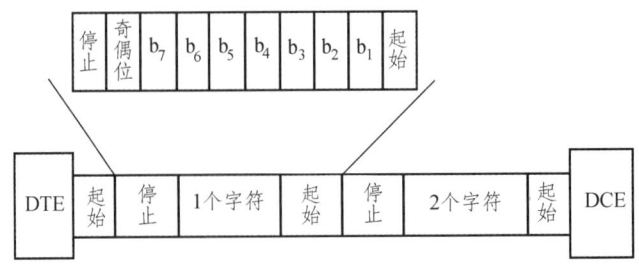

图 4-1 异步通信协议

(1)起始位:先发出一个逻辑"0"信号,表示传输字符的开始。

(2)数据位:紧接在起始位之后。数据位的个数可以是 5、6、7、8 等,构成一个字符。通常数据位采用 ASCII 码,从最低位开始传送,靠时钟定位。

(3)奇偶校验位:数据位加上这一位后,使得"1"的位数应为偶数(偶校验)或奇数(奇校验),以此来校验数据传送的正确性。

(4)停止位:它是一个字符数据的结束标志,可以是 1 位、1.5 位、2 位的高电平。

(5)空闲位:处于逻辑"1"状态,表示当前线路上没有数据传送。

(二)同步通信协议

同步通信以一个帧为传输单位,每个帧中包含有多个字符。在通信过程中的时间间隔是相等的,而且每个字符中各相邻位代码间的时间间隔也是固定的。数据格式如图 4-2 所示。

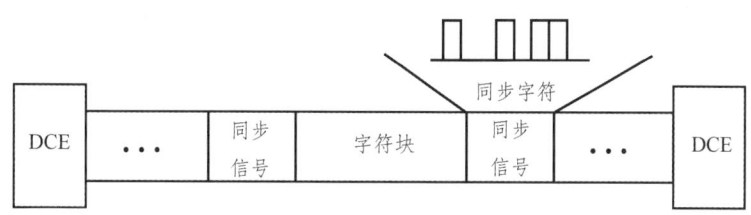

图 4-2 同步通信传输

同步通信的规约有以下两种:

**1. 面向比特(bit)型规约**

面向比特(bit)型规约以二进制位作为信息单位。现代计算机网络大多采用此类规程,最典型的是 HDLC(高级数据链路控制)通信规约。

**2. 面向字符型规约**

面向字符型规约以字符作为信息单位,字符是 EBCD 码(扩充的二一十进制交换码)或 ASCII 码(American Standard Code for International Interchange,美国国家标准资讯交换码)。最典型的是 IBM 公司的二进制同步控制规约(BSC 规约),在这种控制规程下,发送端与接收端采用交互应答式进行通信。

## 四、数据通信的传输方式

数据通信的基本方式可分为两种:并行通信与串行通信。并行通信是指利用多条数据传输线将一个数据的各位同时传送,其特点是传输速度快,适用于短距离通信。串行通信是指利用一条传输线将数据一位一位地顺序传送，其特点是通信线路简单，利用电话线路就可实现通信，成本较低，适用于远距离通信，但传输速度慢。

**1. 并行数据通信**

并行数据通信是指单个数据的各位同时传送，如图 4-3 所示。

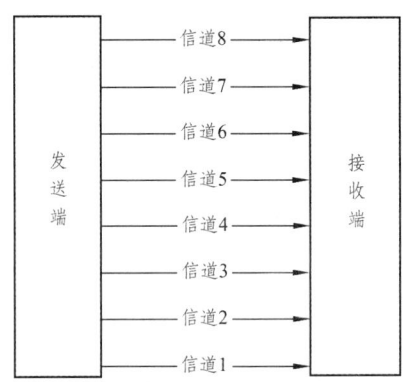

图 4-3 并行传输

并行数据通信的特点如下：

（1）并行传输速度快，有时可高达每秒几十、几百兆字节，适合高速数据交换的系统。

（2）并行数据传送的软件简单，通信规约简单。

（3）并行传输信号线多，成本高。并行传输除了需要数据线外，往往还需要一组状态信号线和控制信号线，数据线的根数等于并行传输信号的位数。

并行传输常用在传输距离短、传输速度要求高的场合。早期的变电所综合自动化系统，多为集中组屏式，由于受当时通信技术和网络技术等具体条件的限制，变电所内部通信大多采用并行通信。

**2. 串行数据通信**

串行数据通信是指单个数据一位一位顺序地传送，如图 4-4 所示。

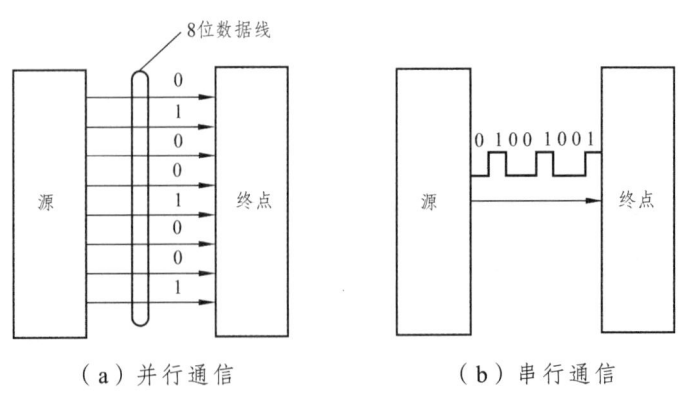

（a）并行通信　　　　　　　　（b）串行通信

图 4-4 并行通信与串行通信的区别

串行数据通信的特点如下：

（1）串行数据通信可以分时使用同一传输线，故串行通信最大的优点是可以节约传输线，特别是当位数很多和远距离传送时，这个优点更为突出，这不仅可以降低传输线的投资，而且简化了接线。

（2）串行通信的缺点是传输速度慢，且通信软件相对复杂。因此，串行数据通信适合于远距离传输，串行数据传输的距离可达数千千米。

变电所综合自动化系统内部，各种自动装置间或继电保护装置与监控系统间，为了减少连接电缆，简化配线，降低成本，常采用串行数据通信。

## 五、数据通信的线路方式

数字通信系统的工作方式按照信息传送的方向和时间，可分为单工通信、半双工通信、全双工通信三种方式，如图 4-5 所示。

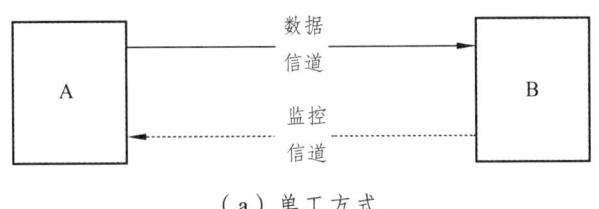

（a）单工方式

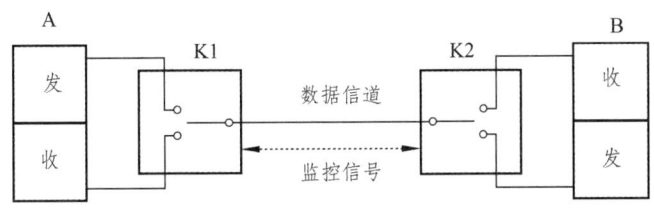

（b）半双工方式

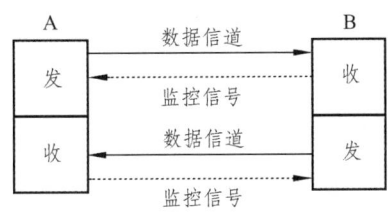

（c）全双工方式

图 4-5　数字通信工作方式

计算机串行通信中主要使用半双工和全双工方式。

单工通信是指信息只能按一个方向传送的工作方式，如图 4-5（a）所示。

半双工通信是指信息可以双方向传送,但两个方向的传输不能同时进行,只能交替进行,如图 4-5(b)所示。

全双工通信是指通信双方同时进行双方向传送信息的工作方式,如图 4-5(c)所示。这种工作方式速度最快,是超高速数据通信首选的工作方式。

数据通信的传输方式与工作方式是两个不同的概念,数据通信的传输方式是指单个数据流通的方式,而数据通信的工作方式是指信息源和受信者之间的信息交换方式,与通道有直接的关系。当采用双通道时,就可以实现全双工通信工作方式,从而提高通信的速度。

## 六、数据通信的传输介质

通道是信号传输的媒介,它可以是有线形式,如载波通道、光纤通道或电话线等,其传输介质采用双绞线、同轴电缆或光纤;也可以是无线通道,如微波通道等,其传输介质有地面微波、卫星微波等。

光纤通信的特点是容量大、成本低,不怕电磁干扰。由于新技术的发展,每芯光纤的通话路数可达百万路,中继距离将达到 100 km。而一芯架空明线只可传输 12 路电话,一根小同轴电缆只可传输 600 路电话。

卫星通信的特点是距离远,不受地理位置的限制,容量大,建设周期短,可靠性高。一般卫星通信不在牵引供电系统中使用。

通道传输过程中,受到的干扰可用等效噪声源来表示。信号在通道传输过程中,由于干扰,接收端收到的信号可能与发送端发出的信号不同,因此需要进行差错检查。接收设备把接收到的信号进行信道译码转换,并传给受信者,受信者再把接收到的信号进行信源译码,转换成对应的信息,如图 4-6 所示。

图 4-6 通过通信通道完成数据通信功能的结构示意图

远距离数据通信主要用于调度中心和变电所之间的数据通信,如果分布式的设备离变电所或调度中心较远(如电力线路上的电动隔离开关和负荷开关),也需采用远距离数据通信方式对设备进行控制,远距离数据通信基本模型如图 4-7 所示。

图 4-7 远距离数据通信示意图

# 第二节 网络通信

## 一、计算机局域网基础

所谓计算机网络,就是利用各种通信手段,把地理上分散的计算机系统,以共享资源为目标有机地结合起来,而它们各自又是具有独立功能的网络系统,如图4-8所示。

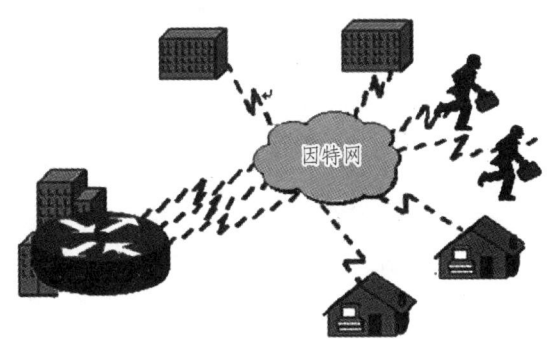

图 4-8 计算机网络系统

从这个定义可以看出,计算机网络具有如下特点:

**1. 地理分散**

如果中央处理机之间的距离非常近,如在1 m之内,就不能称为计算机网络,而是多处理机系统。

**2. 独立处理**

它是指构成计算机网络的各计算机具有独立功能。

**3. 通信协议**

为了使网络中的各计算机之间的通信可靠有效,通信双方必须共同遵守的规则和约定称为通信协议。

**4. 资源共享**

计算机网络能实现包括软件、硬件的资源共享。

## 二、网络分类

计算机网络有多种分类标准,较常见的分类标准是按地理位置分类,可分为局域网和广域网；如图 4-9 所示的网络按功能分为通信子网和资源子网，通信子网负责整个网络的数据通信部分，资源子网是各种网络资源的集合。主机通过通信子网连接，通信子网的功能是把消息从一台主机传输到另一台主机。

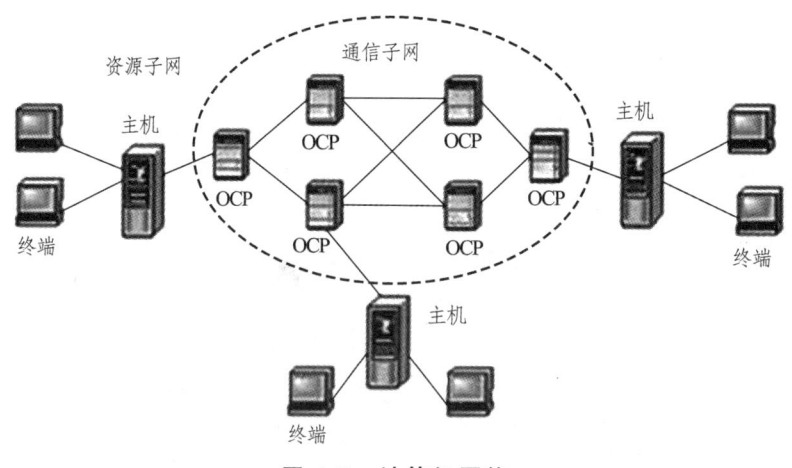

图 4-9 计算机网络

### 1. 局域网

局域网（Local Area Network，LAN），是一个小地理范围内的专用网络。组建局域网的主要目的是实现软件、硬件的资源共享，数据传输率高（可到 1 000 Mb/s）、地理覆盖范围较高（0.1～25 km），误码率低，价格便宜。

局域网规模较小，作用范围也往往局限于一幢建筑物内或在一个企业、公司和校园内，这种网络组网方便，传输效率高。

局域网有多种分类标准，常见的一种分类标准是根据网络中有无服务器，分为对等网（Peer-to-Peer）与客户机/服务器网（Client/Sewer）。

对等网是指在局域网上的计算机彼此之间是平等的关系，没有主次之分，在网络结构中，一般没有专用服务器，所有的计算机都是对等的可以相互交流信息的工作站。对等网是最简单的一种网络模式，其结构简单，维护工作轻松。

对等网虽然不需要服务器，成本也较低，但它只是局域网中最基本的一种，有许多管理功能不能实现。

客户机/服务器（Clien/Sewer），简称 C/S 网。在 C/S 网络中，计算机划分为服务器和客户机。在网络中有一台或几台较大的计算机集中进行共享数据库的管理和存取，称为服务器，而将其他的应用处理工作分散到网络中其他称为客户机的工作站上去完成，构成分布式的处理系统。服务器控制管理数据的能力由文件管理方式上升为数据库管理方式，它是为适应网络规模增大所需的各种支持功能设计的。通常将基于服务器的网络都称为 C/S 网络。

C/S 网络应用于大中型企业，可以实现数据共享，对财务、人事等工作进行网络化管理，并可以召开网络化会议，提供了强大的 Internet 信息服务（如 WWW、FTP、SMTP

服务等）功能，是一种常用的局域网构架解决方案。变电所综合自动化的网络系统采用 C/S 网络，如图 4-10 所示。

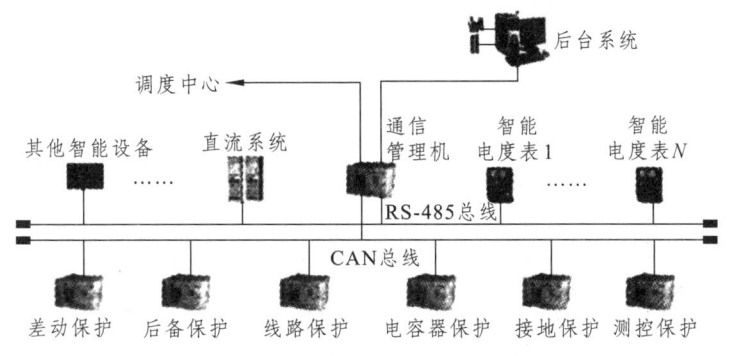

图 4-10　变电所网络构成示意图

### 2. 广域网

广域网（Wide Area Network），简称 WAN，其网络范围通常为几百到几千千米，甚至全球范围，它由多个局域网组成，如城市、国家、洲之间的网络都是广域网。广域网一般由多个部门或多个国家联合组建，能实现大范围内的资源共享，Internet 就是一个最大的广域网。

## 三、变电所综合自动化的局域网通信

### （一）变电所综合自动化系统通信网络

不同类型的变电所对自动化系统的通信网络有不同的要求，变电所自动化系统实质上是由多个微机组成的分层分布式控制系统，包括微机监控、微机保护、电能质量自动控制等多个子系统。在各个子系统中，往往又由多个智能模块组成。例如在微机保护子系统中，有变压器保护、电容器保护、各种线路保护等。因此在变电所自动化系统内部，必须通过内部数据通信，实现各子系统内部和各子系统之间的信息交换和信息共享，以减少变电所二次设备的重复配置并简化各子系统的互联，既减少了重复投资，又提高了系统整体的安全性和可靠性。

变电所内通信网络传输的时间要求：设备层和间隔层之间、间隔内各设备之间、间隔层各间隔单元之间为 1~100 ms，间隔层和变电所层之间为 10~1 000 ms，变电所层各设备之间、变电所和控制中心之间为 1 000 ms。各层之间的数据流峰值为：设备层和间隔层之间数据流大概 250 kb/s，取决于模拟量的采样速度；间隔层各单元之间数据流大概 60 kb/s 或 130 kb/s，取决于是否采用分布母线保护；间隔层和变电所层之间及其他链路之间数据流大概在 100 kb/s 及以下。

间隔单元通过与一次开关设备、CT/PT 等设备接口完成保护、控制、数据采集，并通过间隔单元间的硬接点连接完成所内安全联锁功能。间隔单元与站级管理层设备之间通过所内通信网络组网进行数据交换，实现所内站级管理层设备的控制、监视、测量、数据管理、远程通信及远程维护等综合自动化管理功能。间隔单元不依赖所内通信网，能独立完成本单元的保护测控功能。

站级管理层应冗余配置远动通信单元，实现与调度所系统之间的通信，远动通信单元应具备双机热备用和自动切换功能。所内通信通过配置的网络，完成与各间隔单元的接口功能，实施对间隔单元的数据采集与控制输出，所内通信网络应达到工业级网络标准。

综合自动化系统与交直流系统、计量表计等其他智能设备之间的通信内容和规约在设计联络时确定。系统采取完善的防护措施，保证系统内外的隔离，防止将系统外部故障引入系统内部。牵引变电所应设置计量盘，计量表计型号在设计联络时确定。

（二）内部数据通信网的选择

数据通信网是构成变电站自动化系统的关键环节，网络特性主要由拓扑结构、传输媒体、媒体存取方式来决定。

### 1. 35 kV 变电站通信网络

在小规模的 35 kV 变电站和 110 kV 终端变电所，可考虑使用 RS-422 和 RS-485 组成的网络；当变电所规模较大时应考虑选择现场总线网络。RS-422 和 RS-485 串口传输速率在 1 000 m 内可达 100 kb/s，短距离速率可达 10 Mb/s，RS-422 串口为全双工，RS-485 串口为半双工，媒介访问方式为主从问答式，属总线结构。这两个网络的不足在于接点数目比较少，无法实现多主冗余，有瓶颈问题。RS-422 的工作方式为点对点，上位机一个通信口最多只能接 10 个节点。RS-485 串口构成一主多从，只能接 32 个节点，此外有信号反射、中间节点问题。LonWorks 网上的所有节点是平等的，CAN 网可以方便地构成多主结构，不存在瓶颈问题，两个网络的节点数比 RS-485 扩大多倍，CAN 网络的节点数理论上不受限制，一般可连接 110 个节点。

### 2. 110 kV 变电站通信网络

中型枢纽 110 kV 变电站节点数一般为 40 个左右，多主冗余要求和节点数量增加，使 RS-422 和 RS-485 难以满足要求，现场总线却能达到标准。总线网将网上所有节点连接在一起，可以方便地增减节点；具有点对点、一点对多点和全网广播传送数据的功能；常用的有 LonWorks 网、CAN 网。两个网络均为中速网络，500 m 时 LonWorks 网络传输速率可达 1 Mb/s，CAN 网在小于 40 m 时达 1 Mb/s，CAN 网在节点出错时可自动切除与总线的联系，LonWorks 在监测网络节点异常时可使该节点自动脱网，媒介访问方式 CAN 网为问答式，LonWorks 网为载波监听多路访问/冲撞检测（CSMA/CD）方式，内部通信遵循 Lon Talk 协议。

CAN 网开销小，一帧 8 位字节的传输格式使其服务受到一些限制，LonWorks 网为无源网络，脉冲变压器隔离，具有强抗电磁干扰能力，重要信息有优先级。据近年来国内数百个变电站的经验，LonWorks 网可作为目前一般中型 110 kV 枢纽变电所自动化通信网络。

CAN 总线通信接口中集成了 CAN 协议的物理层和数据链路层功能，可完成对通信数据的成帧处理，包括位填充、数据块编码、循环冗余校验、优先级判别等工作。CAN 协议的一个最大特点是废除了传统的站地址编码，而对通信数据块进行编码。采用这种方法的优点可使网络内的节点个数在理论上不受限制，数据块的标识码可由 11 位或 29 位二进制数组成，数据段长度最多为 8 个字节，可满足工业领域中控制命令、工作状态及测试数据的一般要求。8 字节不会占用过长的总线时间，从而保证了数据通信的实时性。

### 3. 220 kV 及以上变电站通信网络

220～500 kV 变电站节点数目多，站内分布成百上千个 CPU，数据信息流大，对速率指标要求高（要求速率达 130 kb/s），LonWorks 网络的实时性、宽带和时间的同步指标难满足要求，应考虑 Ethernet 网或 Profibus 网。Ethernet 网为总线式拓扑结构，采用 CSMA/CD 介质访问方式，传输速率高达 10 Mb/s，可容纳 1 024 个节点，距离可达 2.5 km。物理层和链路层遵循 IEEE802.3 协议，应用层采用 TCP/IP 协议。

## 第三节　现场总线技术

### 一、现场总线基础

现代化工业的不断进步，使得许多传感器、执行机构、驱动装置等现场设备，通过内置 CPU 控制器实现智能化控制。对于这些智能现场设备增加一个串行数据接口（如 RS-232/485）是非常方便的。有了这些接口，控制器就可以按其规定协议，通过串行通信方式完成对现场设备的监控。如果设想全部或大部分现场设备都具有串行通信接口并具有统一的通信协议，控制器只需一根通信电缆就可将分散的现场设备连接，完成对所有现场设备的监控，这就是现场总线技术的初始想法。

现场总线技术近几年在变电所综合自动化中的间隔层得到广泛应用。如图 4-11 所示，通过总线通信，从现场采集的大量信息和数据被快速、准确、实时地上传到监控中心，同时由监控中心下达的控制命令也被准确无误地发送到控制单元，及时采取措施避免事故发生。传输高效、通信可靠、接口灵活的现场总线为信息繁杂、组态灵活、运行高速的分散式变电所自动化系统提供了通信上的保证，同时选择不同的通信方式，选择不同的现场总线也相应决定了整个变电所自动化系统的不同特点。现场总线控制系统既是一个开放通信网络，又是一种全分布控制系统。它作为智能设备的联系纽带，被挂接在总线上，作为网络节点的智能设备连接成网络系统，并进一步构成自动化系统，实现基本控制、补偿计算、参数修改、报警、显示、监控、优化及控管一体化的综合自动化功能。这是一项以智能传感器、控制、计算机、数字通信网络为主要内容的综合技术。

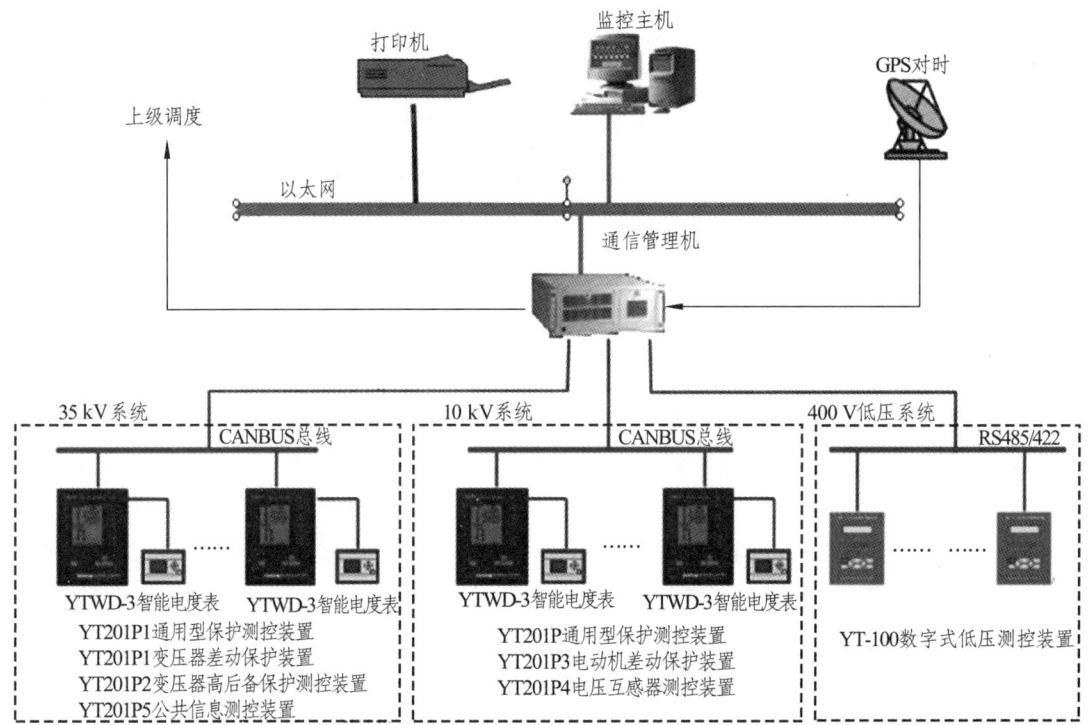

图 4-11　变电所自动化系统站内局域网通信网络

现场总线具有集成性、开放性、重用性、智能性、分散性和适应性等优点，能有效地节省投资，减少安装设备费用和维护费用，提高系统可靠性和可操作性。

## 二、变电所综合自动化的现场总线通信

表 4-1 为间隔层通信方式及其特点。

表 4-1　间隔层通信方式

| 通信方式 | 特　点 |
| --- | --- |
| 基于 RS-232 标准的简单传输 | 传输信息较模拟传输大，点对点连接，主从方式传输，传输速率较快，灵活性差 |
| 基于 RS-485 标准的简单传输 | 传输信息量大，可以连成网络，但网络的节点较少，非平等节点结构，传输速率较快，轮信周期存在，实时性差 |
| 基于现场总线技术的传输 | 传输信息量大，网络连接，节点数较多，平等节点结构，传输速率较快，且实时性好 |
| 基于以太网技术的传输 | 传输信息量大，网络连接，节点数多，平等节点结构，传输速率极快，实时性好 |

从表 4-1 间隔层通信方式比较中可以看到，现场总线和以太网技术是较理想的通信方式。根据实践应用经验，目前现场总线技术仍是间隔层通信方式的首选，理由如下：

（1）变电站间隔层通信信息量有限，以太网的优势在这一层次表现不充分。按照 LonWorks 网络的指标，采用双绞线介质或光纤介质，通信速率可以达到 1.25 Mb/s。这一速率可保证 30 个保护同时动作时，所有数据不丢失，并在 2 s 之内全部传送到目的地址，并在后台画面上有相应的反映。而根据理论分析，以太网在这种情况下，对指标并不会有太大的改善，因为以太网擅长的是大容量数据和长数据帧的传输。

（2）以太网连接目前需要的接口设备较复杂，采用电连接传输的距离相对现场总线也小得多。现场总线在网络器件方面的要求相对于以太网络也简单，一般在本设备上就可以实现接口技术。

综合上述两点，现场总线应用于间隔设备的连接，效益上要优于以太网，可采用现场总线作为间隔连接的主要方式。

现场总线与计算机以太网有相似之处，但也有差别。以太网适于作一般数据处理的计算机网络，而现场总线是作为现场测控网络，要求方便地适应多输入、多输出及各种类型的数据传输，要求满足通信的周期性、实时性和确定性，并适用于工业现场的恶劣环境。

现场总线除了具有以太网的一些优点外，最主要的是满足了工业过程控制所要求的现场设备通信的要求，且提供互换操作，使不同厂家的设备可互联也可互换，并可通过组态软件统一组态，使所组成的系统适应性更为广泛。现场总线的开放性，使用户可方便地实现数据共享。

在以太网中，网卡和局域网之间的通信通过双绞线以串行传输方式进行，而网卡和计算机之间的通信则是通过计算机主板的 I/O 总线以并行方式进行传输。网络通信采用 TCP/IP 协议，每一个通信单元均要有唯一的 IP 地址。以太网是局域网中采用总线结构、以同轴电缆为传输介质的典型网络。随着光纤技术的发展，也可以用光纤为传输介质组建以太网，同时具有可靠性高、灵活、高速、兼容性好等优点，因此以太网在变电所综合自动化系统的变电所层得到广泛使用。

## 第四节　变电所综合自动化系统远动技术

### 一、远动系统的基本概念

远动技术是调度所与各被控端（如变电所等）之间实现遥控、遥测、遥信、遥调和遥视（简称"五遥"）技术的总称。远动技术常应用于被控对象远离被控点或是有危险不可靠近的大、中型系统中，如电力系统、牵引供电系统、石油开采、煤矿、农田灌溉、给排水系统、列车运行、大工厂及联合企业、气象、宇航、原子能及军事目标控制等监控领域。

远动技术的出现和发展为牵引供电系统调度管理提供了新的技术手段,对缩小系统故障危害面,缩短故障处理时间,减少停电损失,提高调度的灵活性,保证系统安全、经济和可靠运行起到了重要作用,是实现牵引供电系统现代化管理的重要技术措施。

### (一)远动技术的主要任务

远动技术的主要任务分为两大类:集中监视和集中控制。

集中监视:正常状态下,实现系统的合理运行方式;故障状态下,及时了解事故发生的原因和范围,加快事故处理。

集中控制:调度人员可以借助远动装置对设备进行遥控或遥调,可提高运行操作质量,改善运行人员的劳动条件,提高劳动生产率。

### (二)远动技术的五遥功能

远动技术具有"五遥"功能:遥控、遥测、遥信、遥调、遥视。

#### 1. 遥控(YK)

对被控对象进行远距离控制。被控对象可以是固定的,如工厂的机器、输油、输气、供水管道上的泵和阀,铁路上的变电所、分区所、开闭所,电力系统的发电厂、变电所的开关等;也可以是活动的,如无人驾驶飞机、卫星等。调度中心运用通信技术,对电厂、变电所的设备发送开停或投切命令,相应厂、站收到命令后执行。牵引供电系统中的遥控对象主要有牵引变电所、开闭所、分区亭内 27.5 kV 及以上电压等级的断路器、负荷开关及电动隔离开关,接触网负荷隔离开关,地铁牵引变电所的 1 500 V(750 V)直流快速断路器、直流电源总隔离开关,地铁降压变电所的进线断路器、母联断路器等,有载调压变压器的调压开关等。

#### 2. 遥测(YC)

遥测就是对被测对象的某些参数进行远距离测量,如遥测铁路牵引供电系统中的变电所、分区亭中的有功和无功功率、电度、电压、电流等电气参数及接触网故障点等非电气参数,地铁牵引变电所直流母线电压、牵引整流机组电流与电能、牵引馈线电流、负极柜回流电流,变电所交直流操作电源的母线电压等。电厂、变电所如电压、电流、功率、水位、气压等实时信息经过采样后,运用通信技术送到调度中心端存储并显示。

#### 3. 遥信(YX)

将被控站的设备状态信号远距离传送给调度端。状态信号包括电厂、变电所的设备状态信号及报警信号,断路器、隔离开关的位置状态,继电保护、自动装置的动作状态,厂站端事故总信号,发电机组开、停状态信号以及远动终端、通道设备的运行和故障等信号。这些位置状态、动作状态和运行状态都只取两种状态值,如开关位置只取"合"

或"分",设备状态只取"运行"或"停止"。因此,用一位二进制数,即用码字中的一个码元就可以传送一个通信对象的状态。信号采集后,运用通信技术送到调度中心端存储并显示。

**4. 遥调(YT)**

调度端直接对被控站某些设备的工作状态和参数进行调整,如调度中心端利用通信技术,对电厂、变电所可调节设备的电压、功率因素等进行调节。

**5. 遥视(YS)**

调度端直接对被控站设备进行远程监视控制。变电所的遥视涉及以下场所和设备:变电所内场区环境,主变压器外观及中性点接地开关,变电所的户外断路器、隔离开关以及接地开关等,变电所内的各主要设备间。变电所监控适合在无人值守的环境中,监控中心进行远程监控、管理和维护,电子地图功能可按用户的要求安排摄像机、报警源、地图链接,双击摄像机图标可转到相应的画面,报警式自动转到联动的摄像机画面,实现移动监视,外接开关量报警,实现报警上传、联动机制等,报警后可以联动录像、摄像机预置位和现场声、光报警设备,并上报调度端。

上述五个功能即是常说的"五遥"功能,在牵引供电系统中主要实现除遥调外的其他"四遥"功能。

## 二、远动系统的构成与功能

牵引供电系统的运行、调度、管理工作日益复杂,要做到安全、经济和可靠,必须建立一个能对供电一次系统主要设备进行监视、测量、调整、控制以及管理的自动化系统。调度自动化的功能主要包括安全监视、安全分析、经济调度及自动控制。

电力系统的实时数据采集及向调度中心的集中综合技术系统称为远动系统,要实现数据处理、屏幕显示、打印及人机对话等功能,则还要将微机远动与各种微型计算机相结合,这就构成了SCADA(Supervisory Control And Data Acquisition,数据采集与监视控制)系统。SCADA系统是以微型计算机为主构成的远方监视控制和数据收集系统,对现场的运行设备进行监视和控制,以实现数据采集、设备控制、测量、参数调节以及各类信号报警等各项功能,简称远方监控系统。

SCADA所接的控制设备通常是PLC(可编程控制器)或者是智能表、板卡等。SCADA不仅应用于钢铁、电力、化工等工业领域,还广泛用于食品、医药、建筑、科研等行业,其连接的I/O通道数从几十到几万不等。

### (一)SCADA系统的基本功能

电力系统的SCADA系统的常规功能包括数据采集(遥测、遥信)、报警、状态监视、遥控、遥测、事件顺序记录、统计计算、趋势曲线、事故追忆、历史数据的存储和制表打印；非常规功能包括支持无人值班变电所的接口、实现馈线保护的远方投切、定值远方切换、线路动态着色、地理接线图与信息集成。

### 1. 数据的收集及监控

SCADA 系统对现场的运行设备进行监视和控制，以实现数据采集、设备控制、测量、参数调节以及各类信号报警等各项功能，对供电系统设备运行状态的实时监视和故障报警，实现对遥控对象的遥控。遥控种类分选点式、选站式、选线式控制三种。

### 2. 数据处理

调度中心将各厂、站传输来的实时数据进行处理，并给出各种图表，CRT 画面显示潮流功率图、事故报警、统计报表，并可在模拟屏显示等，实现了对供电系统中主要运行参数的遥测。

### 3. 报表统计

根据分析的需要，对运行和故障记录信息进行分析统计，最终结果可通过 PC 机屏幕画面显示、模拟屏显示，或打印出来。

### 4. 人机处理

以友好的人机界面实现系统操作、管理和维护功能，实现系统的自检功能，实现主/备通道的切换功能。

## （二）SCADA 系统的构成

远动功能是变电所综合自动化系统功能的一部分，它是通过变电所与电力调度端之间的远方数据通信来实现的。

远动系统大体上由调度端、信息通道、远方终端三部分构成，如图 4-12 所示。

图 4-12 远动系统的结构示意图

调度端：完成遥控、遥调命令的发送和遥测、遥信、遥视信息的接收、执行和输出等功能。

远方终端：完成遥控、遥调命令的接收、输出执行和遥测、遥信、遥视信息的数据采集和发送等功能。被控端是指受控变电所。

信息通道：主要传送"四遥"信息和遥视信息，完成调度端与被控端之间的信息传递与交互。

远动系统实现远程调度自动化的基本过程，主要通过以下五个环节组成：

（1）采集受控变电所被控对象信息，并将其传送至调度端。

（2）对远动装置传来的信息进行实时处理。

（3）调度端参考针对受控变电所的具体状况，做出调度决策。

（4）将调度决策发送到受控变电所，执行决策控制命令。

（5）再次采集受控变电所受控对象的信息，核验调度结果，完成远动调度。

### 1. 调度端

调度所的远动装置部分称为调度端，一般设于各分局（或总公司）总部。调度端完成数据收集、数据处理、控制与调节及人机联系功能，根据运行需要发送遥控、遥调命令。调度端主要由一台网络交换机、一台后台服务器、两台调度员工作站、一台通信前置机、一套大屏幕显示设备（投影仪）、一台UPS设备、一台CPS时钟装置、一个配套安装机柜和调度员工作台等设备组成。如图4-13所示为调度端框架图。

调度端将通道送来的信号进行数据处理后，送至后台服务器中，显示各种图形，制作各种报表、曲线；必要时，将数据送到上一级调度，数据存储在后台服务器供运行分析使用。

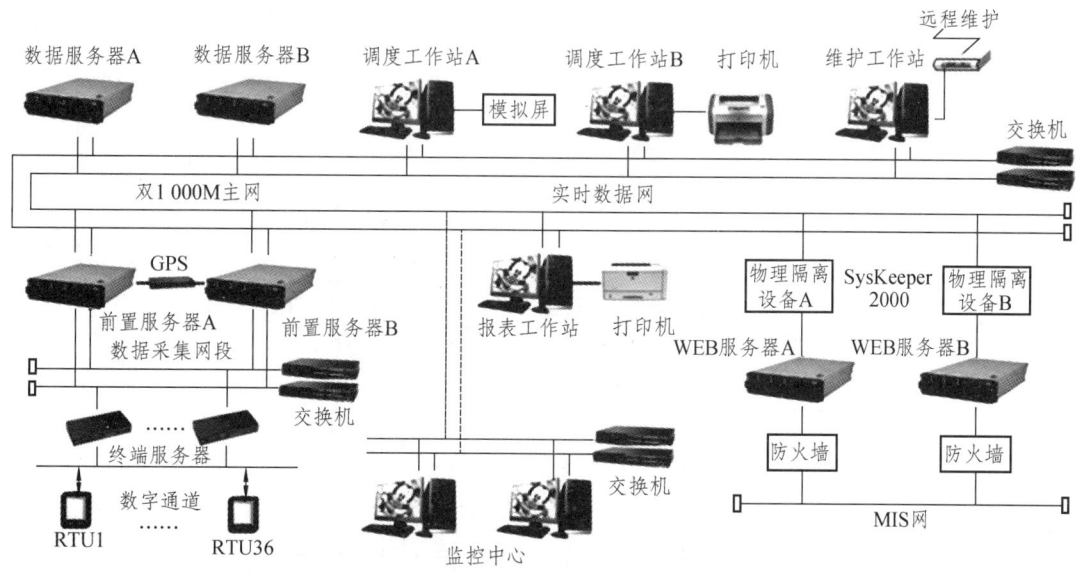

注：数据服务器、前置服务器、WEB服务器为组屏设备。

图4-13　调度端结构框图

系统数据服务器主要用于数据的后台处理、历史数据管理、网上节点资源分配等，同时还可用于运营管理，完成调度文档管理，生成统计报表，执行系统演示及模拟培训等。

调度员工作站用于调度员的控制操作及对牵引供电系统的实时监视，并完成对所辖供电系统的调度管理。

系统维护工作站用于生成、修改和管理系统实时数据库、历史数据库及用户画面，定义、修改系统运行参数，维护、开发系统程序等。同时，该工作站完成对系统运行状态的监视，对重要工况参数进行实时打印，并可以查看系统的各类历史记录数据等。

模拟屏设置于操作控制中心（Operation Control Center，OCC）室中，用来显示整个被控供电情况，即显示所有断路器、隔离开关及接触网等的运行状态，还配置两套音响报警设备，一套为报警使用，另一套为预告使用。联络各计算机采用局域网（LAN），该LAN遵循 ISO/OSI 国际标准。

前置机（通信处理机）是专为处理大量远程数据通信而设计的设备，主要作为运动数据通道接口，扩大远程 I/O 的容量，完成数据的发送、接收及数据的子处理(简称 RCG)，如通信规约的变换等，减轻控制站主机节点的 CPU 负荷。

系统配置一套 GPS 时钟系统，此时钟与控制中心主母钟同步，可显示年、月、日、时、分、秒。

## 2. 远方终端

置于发电厂或变电所一端的远动装置称为远方终端设备（RTU），一般设于沿线的变电所（或分区亭、开闭所）中。RTU 对需要进行监测的各物理量及状态量进行采集，由于信息传输距离远，RTU 将采集后的信息进行抗干扰加工（称抗干扰编码），然后再变换成适合通道传送的信号形式，并按一定方式送入通道。RTU 的另一作用是接收由通道送来的遥控或遥调命令，并执行。

如图 4-14 所示为 RTU 结构框图。

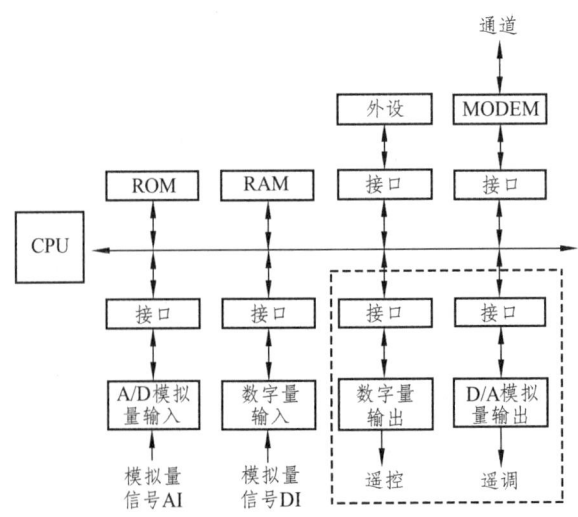

图 4-14 RTU 结构框图

## 3. 通　道

通道是连接调度端与执行端的通信网络，传输二者交换的命令与数据。通道并不是简单的几条导线，而是包括信号传输的加工设备。

如图 4-14 所示，通道两端设置有调制解调（Modem）。由 RTU 送出的数字信号实际是经过 Modem 的调制器调制成适合通道传送的形式（如高频正弦波信号或其他形式）再传送。调制过的信号经过通道传送后，再经过调度端的 Modem 中的解调器还原成原来的数字信号。广义的通道包括了两端的 Modem。

SCADA 通过多种方式与外界通信，具体通信内容已在前面介绍过。

现有的通信线路（即信道）种类很多，就电力系统远动信道而言，目前主要采用如下几种：

（1）用架空明线或电缆直接传送远动信息；
（2）远动载波电话复用电力线载波信道；
（3）光纤通信；
（4）无线信道；
（5）远动与微波通信设备复用，无线传送运动信息。

其中前三条属于有线信道。

通常信道可有两种理解：一种是指信号的传输媒介，如架空明线、同轴电缆、超短波及微波视距传输（包括人造卫星中断）路径、短波电离层反射路径、超短波及微波对流层散射路径以及光导纤维等，此类型信道为狭义信道；另一种是将传输媒介和各种信号形式的转换、耦合等设备都归纳在一起（如发送设备、接收设备、馈线与天线、调制器、解调器等），称这种扩大范围的信道为广义信道。

光也是一种电磁波，用这种电磁波作为传输信息的载体进行的通信称为光通信。光通信系统的主要组件是光学纤维和光源这些组件构成的系统。

### （三）SCADA 系统的整体框架

现行的 SCADA 系统主要有 C/S 和 B/S 两种框架结构。C/S 结构由服务器和客户端组成，B/S 结构主要由服务器、Web 服务器和 Web 客户端构成。服务器配置在不同的机器上，甚至不同的操作系统平台上，彼此分工协作，形成统一整体，构成了 SCADA 的分布式体系结构。

为了增加系统的可靠性，服务器端采用双机热备，重要场合可以一机多备。服务器双机热备一般是配置相同的两台机器，一台作为主站，另一台机器作为备用副站，主站完成服务器的正常工作，另一台与其同步。当主站故障时，副站接替主站的工作。主站与副站是相对的，可互换。双机热备包含 I/O 通道的热备。由于多个客户可以同时访问一个服务器端，所以客户端本来就是多重的。一个系统中，可以有多个服务器，每个服务器可带有多个 I/O 设备。客户端可以访问一台或多台服务器。Web 服务器可以作为多个服务器的代理，将 Web 客户与各服务器连接起来。

服务器的功能主要是进行数据处理和运算。而客户端主要用于人机交互，文字和图形可动态变化，如文字可显示现场 I/O 量的大小，图形的颜色变化表示现场状态量的改变等，并可以对现场的开关、阀门进行操作；也可通过 Web 发布在 Internet 上进行监控，这是一种"超远程客户"。硬件设备（如 PLC）一般既可以通过点到点方式连接，也可以以总线方式连接到服务器上。点到点连接一般通过串口（RS-232），总线方式可以是 RS-485、以太网等连接方式。总线方式与点到点方式区别主要在于：点到点是一对一，而总线方式是一对多，或多对多。在一个系统中，可以只有一个服务器，也可以有多个，客户也可以有一个或多个。只有一个服务器和一个客户的，并且二者运行在同一台机器上的就是通常所说的单机版。服务器之间与客户之间一般通过以太网互联，有些场合（如安全性考虑或距离较远）也通过串口电话拨号或 CPRS 方式相连。

### （四）SCADA 系统的应用领域

SCADA 系统具有明显的优势，能提高工作效率，具有较强的易维护性。SCADA 系统内部功能强大，组织复杂，但是对用户是透明的，所以用户的组态工作量不大，易于维护。随着技术的发展，SCADA 系统将在以下领域得到广泛应用。

#### 1. SCADA/EMS 系统与其他系统的广泛集成

SCADA 系统是电能量计量系统（Energy Management System，EMS）的基础模块，为 EMS 系统提供大量的实时数据。现在 SCADA 系统已经成功地实现与调度员模拟培训系统（DTS）、企业管理信息系统（MIS）的连接。SCADA 系统与地理信息系统、水调度自动化系统、调度生产自动化系统以及办公自动化系统的集成成为 SCADA 系统的一个发展方向。

#### 2. 变电所综合自动化

以 RTU、微机保护装置为核心，将变电所的控制、信号、测量、计费等回路纳入计算机系统，取代传统的控制保护屏，能够降低变电所的占地面积和设备投资，提高二次系统的可靠性。

#### 3. 专家系统、模糊决策、神经网络等新技术研究与应用

利用这些新技术模拟电网的各种运行状态，并开发出调度辅助软件和管理决策软件，由专家系统根据不同的实际情况推理出最优化的运行方式或处理故障的方法，以达到合理、经济地进行电网电力调度，提高运输效率的目的。

#### 4. 面向对象技术、Internet 技术及 JAVA 技术的应用

面向对象技术（Object-Oriented Technology，OOT）是网络数据库设计、市场模型设计和电力系统分析软件设计的合适工具，将面向对象技术运用于 SCADA/EMS 系统是发展趋势。

## 三、远动系统的性能指标

### 1. 可靠性

远动系统的可靠性包括装置本身的可靠性及信息传输的可靠性。远动系统设备的可靠性一般用平均故障间隔时间来表示。整个系统的可靠性一般用"可用率"来表示：可用率 = 运行时间/（运行时间 + 停用时间）。

在远动信息传输过程中，会因为干扰而出现差错，传输可靠性用信息的差错率来表示：差错率 = 信息出现差错的数量/传输信息的总数量。

### 2. 容　量

遥控、遥测、遥信和遥调等对象的数量，称为远动装置的容量。容量越大，则远动系统所能完成的功能就越多。容量应能充分满足用户要求。

### 3. 实时性

常用传输时延来衡量系统的实时性。传输时延是指从发送端事件发生到接收端正确收到该事件信息的一段时间间隔。实时性越高，生产效率越高。

### 4. 抗干扰能力

在干扰存在的情况下，远动系统仍能保证实现技术指标的能力，称为远动系统的抗干扰能力。

抗干扰能力越低，信息传输、装置本生的稳定性就越差；抗干扰能力越高，系统的稳定工作能力就越强。

抗干扰通常有两种做法：一是屏蔽干扰，二是消除干扰源。

## 思 考 题

1. 串行通信和并行通信有什么异同？它们各自的优缺点是什么？
2. 简述 RS-232 与 RS-485 的电气特性？
3. 什么是局域网？什么是广域网？
4. 比较说明以太网与 LonWorks 通信的特点。
5. 简述远动技术的组成。
6. 远动技术的主要任务和主要功能分别是什么？

# 第五章　变电所综合自动化系统的监控系统

**知识目标：**

（1）了解变电所综合自动化系统与监控系统的关系。
（2）了解变电所综合自动化系统的监控环境。
（3）了解监控系统遥控断路器的基本流程。
（4）掌握监控系统的基本功能。
（5）掌握监控系统的基本组成。
（6）掌握监控系统的基本要求。

**能力目标：**

（1）能够正确理解监控系统的基本功能。
（2）能够绘制监控系统的基本组成结构图。
（3）能够正确理解监控系统的基本要求。

**素质目标：**

（1）通过对监控系统结构的认知，提高逻辑分析能力。
（2）分析监控系统功能，培养学生认真敬业的职业精神。

## 第一节　变电所综合自动化监控系统的功能

变电所综合自动化系统由变电所监控系统（即后台监控系统）、测控装置和保护测控装置等组成。变电所监控系统是变电所综合自动化系统的一个重要子系统。

变电所综合自动化系统的监控系统主要用于监视变电所进出线的各种运行参数（包括电压、电流、功率等）、各个设备的运行状况（包括断路器、刀闸的分合闸位置及变压器温度和档位等）、继电保护装置的动作情况等，并为远程控制提供平台。

变电所综合自动化系统监控系统具备的基本功能如下：

## 一、实时数据采集功能

由数据采集装置采集现场所有模拟量及状态量,并可从各保护装置采集保护运行状态、保护定值信息、保护动作信息、保护故障信息、保护装置及保护电源自检信息。

**1. 模拟量采集**

采样的参数有各段母线电压、各进出线回路的电流和功率值、电网相位与频率等电量参数以及变压器超温等非电量参数,如图 5-1 所示。

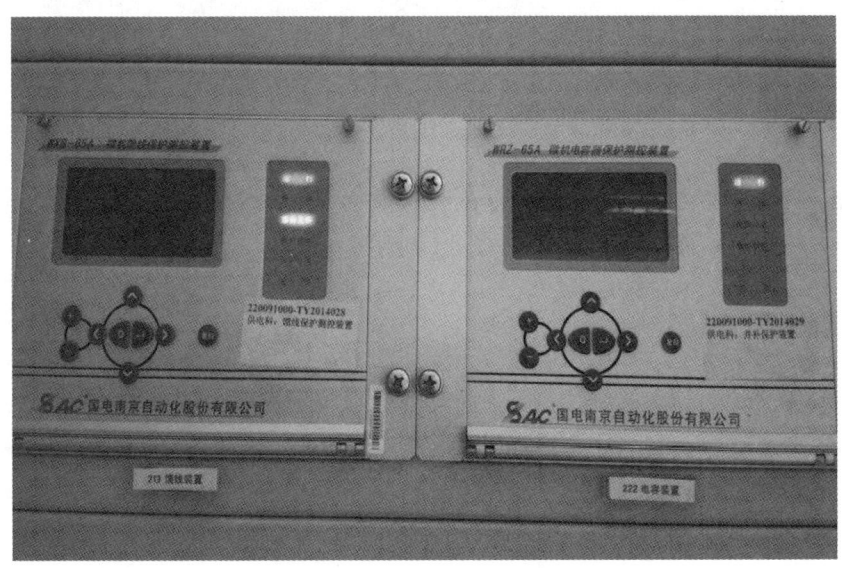

图 5-1　间隔层的保护测控装置(负责采集现场数据)

**2. 脉冲量采集**

脉冲量采集由全电子式电能表输出电量脉冲值,也可直接采集电能量。

**3. 状态量采集**

状态量采集包括手车状态、断路器状态、接地刀闸状态等的采集,这些信号大都采用光电隔离方式开关量中断其输入。对一些重要的状态量(如断路器位置),可采用双位置接点进行采集,即 00、11 分别表示两个状态,以保证断路器位置的正确性,防止继电器触点的抖动或失效而造成的状态误报。

**4. 继电保护数据采集**

继电保护数据采集包括保护运行状态、保护定值信息、保护动作信息、保护定值等的采集。图 5-2 为采样查看功能。

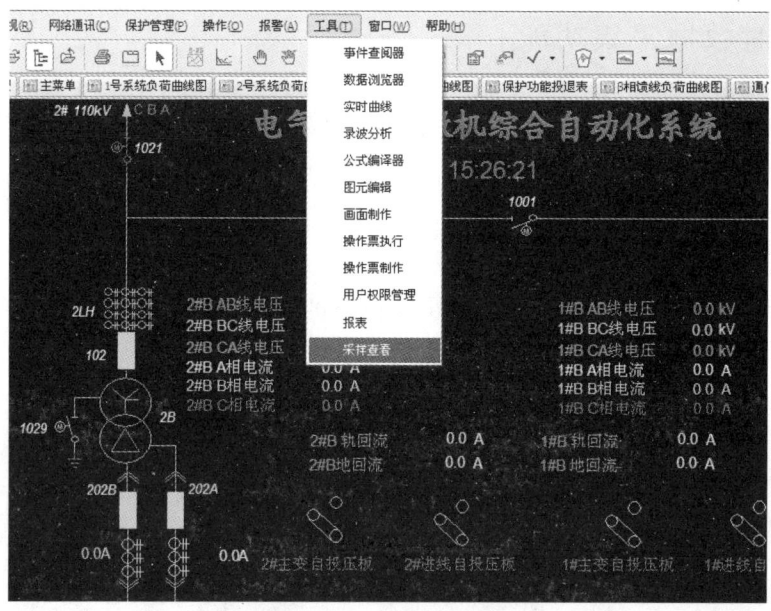

图 5-2 采样查看功能

## 二、数据处理和统计记录

系统将采集来的数字量、脉冲量和状态量按规定的要求进行处理。这些数据主要有线路的电流、有功和无功功率，母线电压定时记录的最大、最小极限值及时间等；每日电压的峰值和谷值，并标明时间；整点数据的日报表；断路器动作次数、跳闸操作次数和切除故障时的故障电流统计；控制操作或修改整定值的记录及有关操作者记录；每天独立有功负荷和无功负荷的峰值及其时间标注，并保存归档。历史数据在监控系统的后台机中至少能保存一年以上。图 5-3 为数据浏览功能菜单。

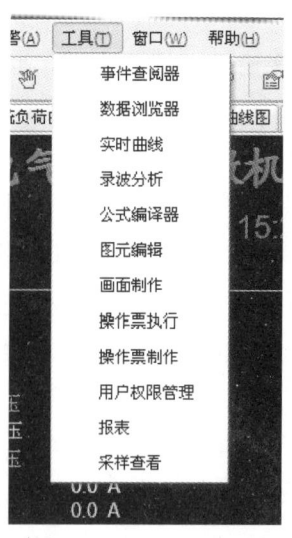

图 5-3 数据浏览功能菜单

## 三、安全监视功能

监控系统在运行过程中,对采集的电流、电压、主变温度、频率等量,不断进行越限监视,如发现越限,立刻发出告警信号,同时记录和显示越限时间及越限值。监控系统还要监视保护装置的工作状态,监视自控装置的工作状态。

当监视的变电站状态发生异常,监控系统及时在当地或远方发出报警信息,弹出报警画面,提示运行人员。

报警方式包括图形报警、文字报警、语音报警和打印报警。

监控系统报警类型包括越限报警(当被监控量超出上下设定值时,发生越限报警,通过文字、图形报警)、变化报警(系统发生正常变位时,变位点信息报警)、事故报警(变电所发生故障,系统发出强烈报警信息)、工况报警(当自动化系统自身发生故障,如通信故障,系统发出工况报警)。图5-4为报警功能界面。

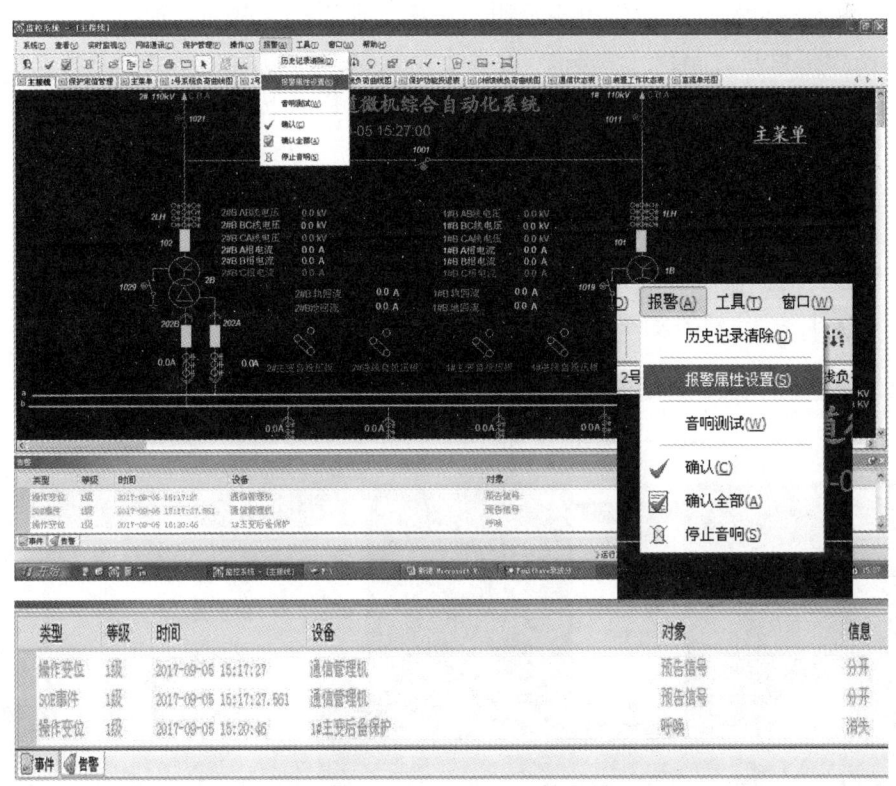

图 5-4 报警功能界面

## 四、事件记录及故障录波与测距

事件顺序记录(Sequence of Event, SOE)包括断路器、跳合闸记录、保护动作顺序记录。事件分辨率为 1~3 ms,能存放 100 个以上的事件顺序记录。当出现电网故障时(如接地短路故障),能记录故障前 100 ms 以及故障后 3 s 的波形,供事故分析。

故障录波和测距 110 kV 及以上系统一般配置专用的故障录波器,故障录波器应有串行通信功能,可以与监控系统通信。变电站故障录波和测距采用两种方法:一是由微机保护装置兼作故障记录和测距,再将记录和测距结果送往监控系统存储及打印输出或直接送往调度主站;另一种方法是采用专用微机故障录波器,故障录波器应具有串行通信功能,可以与监控系统通信。大量中、低压变电站,没有配置专门的故障录波装置。

### 五、操作控制功能

运行人员都可通过监控屏幕对断路器、允许远方电动操作隔离开关和接地开关进行分、合操作;对变压器及站用变压器分接头位置进行调节控制;对补偿装置进行投、切控制,同时,要能接收遥控操作命令,进行远方操作;防止计算机系统故障时无法操作被控设备;设计时,应保留人工直接跳、合闸方式。操作控制有手动和自动控制两种控制方式。手动控制包括调度通信中心控制、站内主控制室控制和就地控制,并具备调度通信中心/站内主控室、站内主控制室/就地手动控制切换功能;自动控制包括顺序控制和调节控制。断路器操作应有闭锁功能。操作闭锁包括以下功能:

(1) 断路器操作时,应闭锁自动重合闸。
(2) 当地操作和远方操作要相互闭锁。
(3) 根据实时信息,自动实现断路器与隔离开关闸的闭锁操作。
(4) 无论当地操作还是远方操作,都应有防误操作的闭锁措施。

图 5-5 和图 5-6 分别为录波分析与事故分析功能、遥控操作界面。

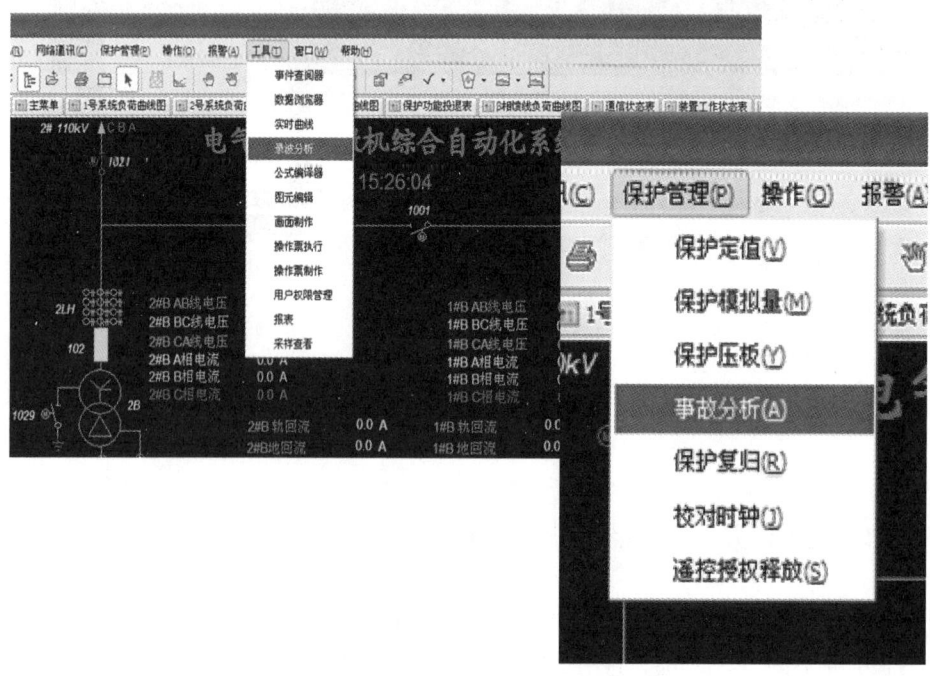

图 5-5 录波分析与事故分析功能菜单

第五章　变电所综合自动化系统的监控系统

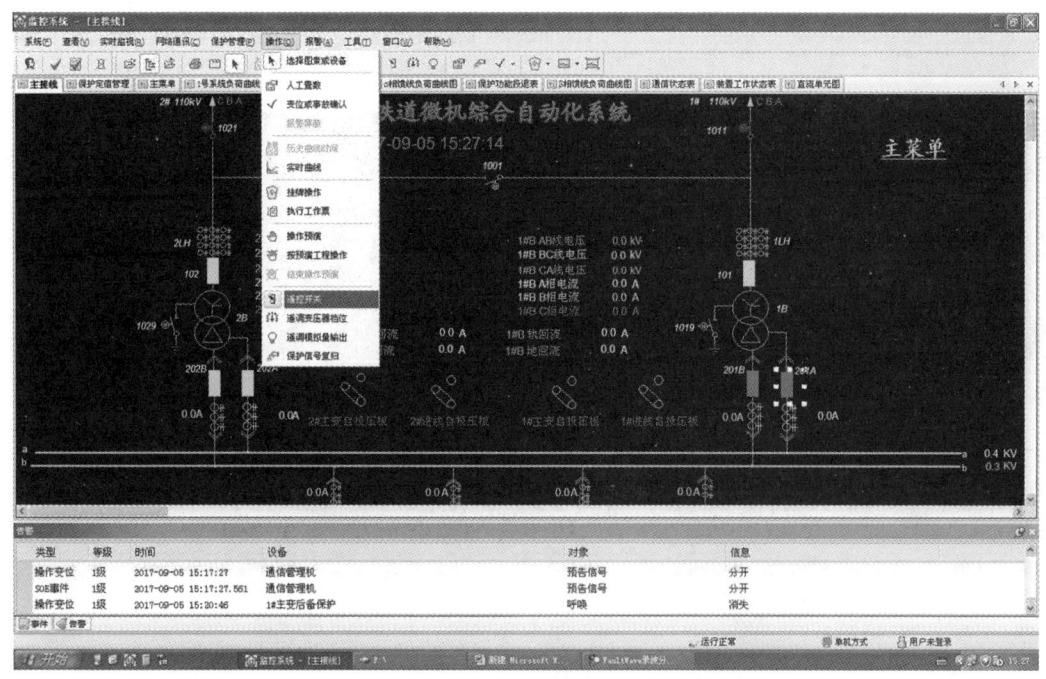

图 5-6　遥控操作界面

## 六、人机联系功能

### 1. 人机联系桥梁

通过显示器、鼠标和键盘代替传统的指针、仪表、模拟屏或操作屏。

### 2. 显示画面的内容

（1）显示采集和计算的实时运行参数，如 $U$、$I$、$P$、$Q$、有功电能、无功电能、主变温度、系统频率等。

（2）显示实时主接线。

（3）事件顺序记录（SOE）显示。

（4）越限报警显示。

（5）值班记录显示。

（6）历史趋势显示，如负荷曲线、母线电压曲线等。

（7）保护装置、自动装置定值显示。

（8）其他，如故障录波等。

图 5-7 为人机交互界面。

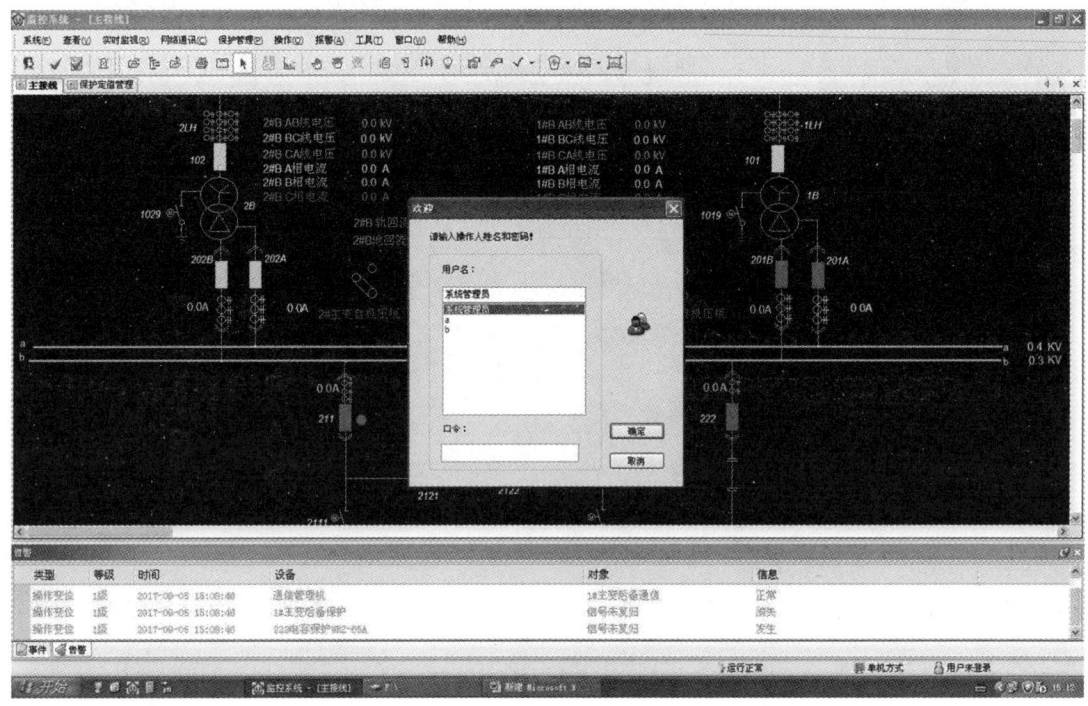

图 5-7　人机交互界面

### 3. 输入数据

通过人机联系可以输入下列数据：

（1）TA、TV 变比。

（2）保护定值、越限报警定值。

（3）自动装置定值。

（4）运行人员密码。

## 七、打印功能

对于有人值班的变电所，监控系统可以配置打印机，完成下列打印功能：

（1）定时打印报表和运行日志。

（2）开关操作记录打印。

（3）事件顺序记录打印。

（4）越限打印。

（5）召唤打印。

（6）抄屏打印。

## 八、防误闭锁功能

综合自动化监控系统提供两种闭锁：一是与专用微机防误系统配合完成全所防误闭锁；二是软件防误闭锁功能，两者配合使用，共同完成站控层防误闭锁。

## 九、谐波分析与监视

监控系统对供电电能的谐波含量进行分析和监视，谐波含量超标要进行越限报警，能自动或手动采取控制措施，抑制或降低谐波含量。

## 十、与远方调度或控制中心通信功能

具备与远方调度中心通信的功能，除了实现"四遥"（遥控、遥测、遥信、遥调），还能远程修订保护定值、故障录波与测距信息传送等功能。

此外，监控系统还具有与调度中心对时和统一时钟的功能。

## 十一、系统的自诊断检测功能

系统的各个功能装置，如控制装置、保护装置数据、采集装置等都具有自诊断检测功能，所有控制、保护、数据采集等主要单元设备出现故障时，都应该能自诊断出故障部位；并具有失电自检、失电保护、自复位至原态的能力。当数据采集装置出现非法错误时，应能输出错误信息，对故障单元进行报警和闭锁，以保证其他部分能正常工作。当系统的在线诊断出现故障时，应能完成自动报警，并将故障内容和故障时间记录在事件一览表中。诊断结果能周期性地传送到当地监控系统的后台机和远方调度中心，所以系统中各装置的运行状态一览无余，无须人工定期检修。

# 第二节　变电所综合自动化监控系统的构成

## 一、监控系统的构成

监控系统是由监控计算机、网络通信管理单元、测控单元、远动接口、打印机等设备组成，如图 5-8 所示。

图 5-8 变电所综合自动化系统监控室

由间隔层监控单元采集电压、电流、变压器温度等数据信息，采集开关状态和设备运行状态等数据通过网络通信层传送至站控层监控主机。监控主机对采集的数据进行分析、处理，通过图形、文字、音响、打印等手段对系统进行监视。监控系统还可发布控制命令经网络传送至测控单元，由测控单元完成相应动作的执行任务。图 5-9 为监控系统结构图。

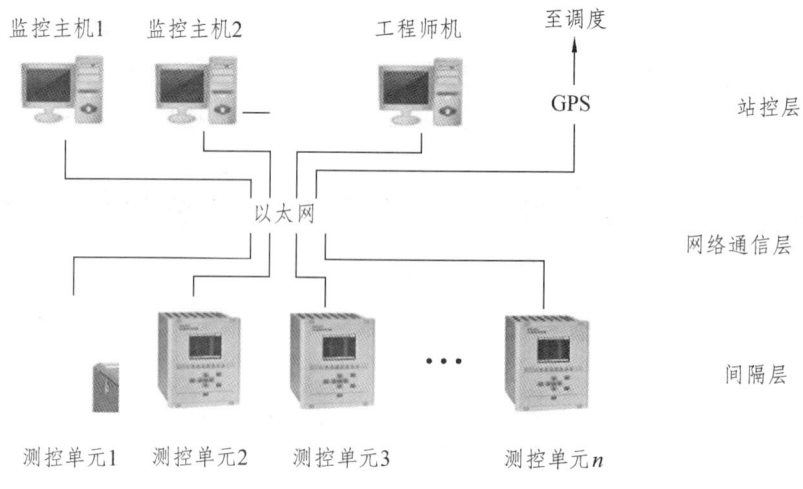

图 5-9 监控系统结构图

## 二、监控系统软件

监控系统在硬件支撑下,通过监控软件实施监控功能。监控软件通常包括操作系统、数据库、画面编辑和应用软件等几部分。

数据库用于存放和管理实时数据,是在线监控、报表打印和界面操作的数据来源。数据库的数据包括基本数据和高级数据。基本数据是指遥测、遥信等的基本属性;高级数据是指在遥测、遥信原始基础数据的基础上形成的电压、电流、断路器状态等的属性。

基本原始数据由测控单元采集,在数据库生成数据时进行定义,电压、电流等高级数据是监控系统运行时数据处理产生的。高级数据面向用户,易读。

界面编辑用于生成监控系统界面,包括系统接线图、数据列表、报表、数据曲线等诸多界面信息。通过断路器、变压器、隔离开关、互感器等图形符号标示供电系统设备的信息、状态,为监控应用软件提供良好的人机交互界面。

监控应用软件在操作系统平台上,依据数据库的数据,通过人机交互界面,利用画面编辑器生成的画面,监控变电所设备的运行、监视设备状态,并为运行操作人员实施远程操作和控制,人工干预监控系统提供平台,如图 5-10 所示。

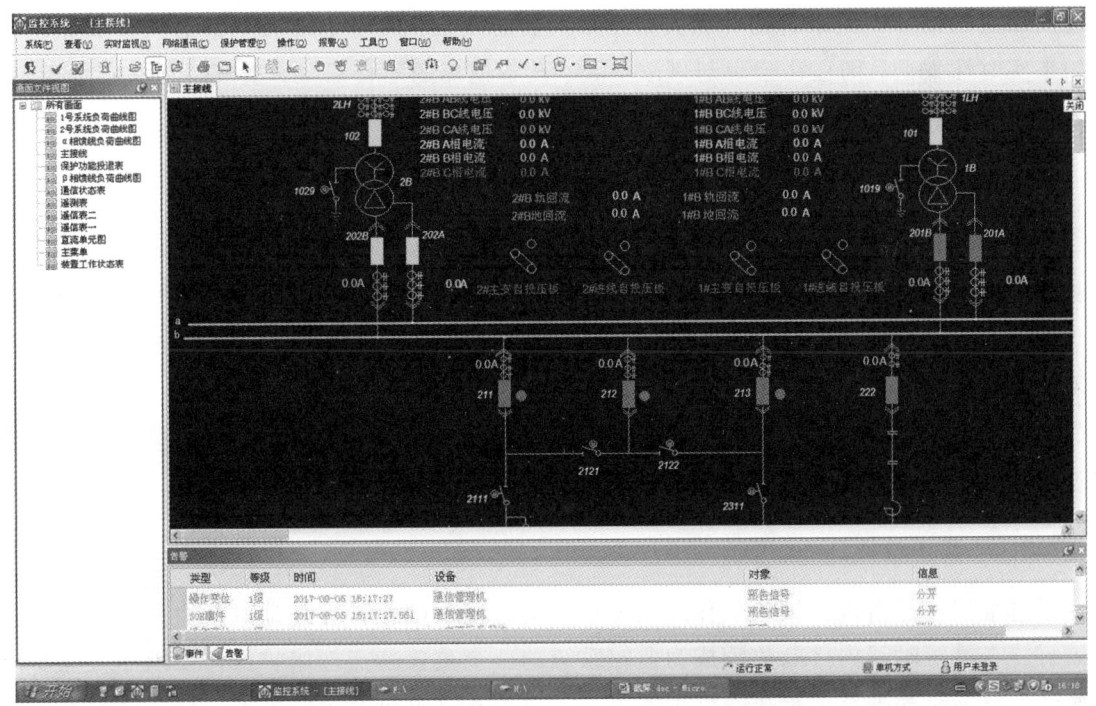

图 5-10　变电所综合自动化系统监控软件界面

### 三、监控系统的基本要求

监控系统通过计算机系统实现对一次设备的监视、控制、数据采集、SOE、屏幕显示和打印等功能，为值班人员和系统调度人员把控变电所，实施安全可靠的停、送电作业，事故处理，应急保障等提供基础保障，它直接影响变电所的供电管理水平。

对变电所监控系统的基本要求主要包括以下几个方面：

#### 1. 实时性

实时性是指系统对突发事件及时响应的能力，在系统要求的时间内完成规定任务的能力。

当前，变电所监控系统全部采用计算机监控系统。监控系统对各种信息的采集和处理要满足实时性的要求，对现场各种状态变化要能及时响应。在控制方面，控制信号要能及时发出，满足优先级高的操作条件时，系统将及时中断正常运行而去执行高优先级的操作。不同的应用系统对实时性有不同的要求，如变电所监控系统对变压器油温的监控。由于变压器油温变化速度相对较慢，对实时性要求相对不高，系统响应时间一般可设置为秒级；对于故障类保护，信号变化非常快，通常要求系统在毫秒级甚至微秒级采集数据、记录和保存。开关变位状态如果发生突变，表明有事故发生，系统必须在毫秒级发出控制信号，记录时间和相关数据量的状态及数值变化，方便后续分析事故原因；如果实时性太低，则往往会引起事故扩大、设备损坏的不良后果，造成巨大的经济损失。因此，实时性是监控系统的一项基本要求。

#### 2. 可靠性

可靠性是指监控系统无故障运行的能力。可靠性对于监控系统至关重要。只要变电所正常运行，监控系统就必须同步可靠运行，以便于实时监控变电所的运行，记录变电所运行的实时状态和实时数据，及时处理供电故障，控制供电事故等。因此监控系统必须能够长期无差错地连续运行。

为了保证可靠性，监控系统本身必须具备很强的抗干扰能力和自检自恢复功能。在现场配置监控系统时，通常采用双机冗余，从而提高了系统的可靠性。

#### 3. 可维护性

可维护性是指进行维护工作时的方便快捷程度。因此，方便地维护监控系统的正常运行，在最短时间内排除故障成为监控系统的一个重要特点。维护操作要求尽可能简单便捷。特别是要具备远程在线维护的条件，便于系统及时升级、维护，提高维护效率。

#### 4. 人机交互

目前，人机交互的方式越来越方便，交互手段越加丰富。操作人员要在短时间内能够很便捷地接收多个（多组）信息，进行分析判断，完成有关操作，监控系统必须具备多种形式的人机交互手段，且交互过程必须友好。键盘、鼠标、显示器、触摸屏、大屏幕、语音、手势交互等诸多手段大大丰富了人机交互。

### 5．通信可靠

通信主要是指监控系统中计算机与计算机之间对同类型或不同类型总线之间及计算机网络之间的信息传输。

在变电所监控系统中，多台监控计算机协调配合工作，需要计算机之间进行可靠通信。实时、可靠、有效地实现数据传输、共享数据是保证计算机监控系统协同工作的重要前提。分层分布式、全分散式计算机监控系统更需要通信系统的支持。

## 第三节　监控系统遥控操作

### 一、遥控方式

按照控制信号发出位置和控制信号发出主体的不同，变电所遥控可分为调度远程遥控、本站主控控制、就地控制三种方式。

#### 1．调度遥控

调度员在调度端通过调度计算机发出下行控制的调度命令，远程遥控。

#### 2．站内主控控制

运行人员通过本站站级层的监控主机发出操作控制命令，通过交互式对话过程，选择操作对象、操作类型，实施控制过程。

#### 3．就地控制

就地控制是指通过直接操作本站间隔层的测控单元发出操作命令，实现控制的过程。就地控制方式属后备控制方式，当监控系统出现故障时，经调度授权，才可实施就地控制。

通常，这三种控制方式之间相互闭锁，每一时刻只允许一种方式操作。当切换遥控方式时，调度操作下放授权，才可执行站内主控操作，放弃主控操作，才可就地操作。

通过监控可对断路器、隔离开关进行分合控制，对有载调压的变压器的分接头进行升、降、停的操作，对软压板进行投、退操作等。

操作员工作站发出的操作命令，经变电所监控计算机系统判断、校验、执行等环节后才可动作实施。任一环节出现逻辑错误，判断或校验通不过，操作立即中断，并发出告警，提示操作员；即便判断和校验均通过，执行过程出现错误，操作也立即中断、告警。每次操作，无论成功与否，系统都将自动记录操作过程并存盘。

每次遥控操作，操作员需要登录用户名和密码，系统按照人员身份自动授权操作权限。操作人员可根据操作权限实施遥控操作，越权的非法操作，系统拒绝执行。

## 二、控制操作的闭锁

为了防止运行过程中对供电设备的误操作，避免人身和设备、系统的损害，除供电设备本身的机械闭锁和电气闭锁以外，操作设备还设置"五防"闭锁功能。操作过程只有通过"五防"闭锁校验，才可实施操作，从而降低误操作的风险。常用闭锁方法还有：

### 1. 口令闭锁

变电所综合自动化监控系统按照运行值班人员的职责，给每个运行值班人员分配用户名和密码口令，赋予不同的使用权限和操作权限。操作过程中，只有用户名和密码正确，权限验证通过后，才能操作，否则将闭锁操作，防止出现误操作。

### 2. 远方/就地闭锁

在变电所间隔层保护测控装置上配有远方/就地切换开关。当开关切换至就地位置时，系统闭锁站级层监控和调度的远程控制对该测控单元的遥控操作，只能在就地或测控装置上操作，保证只能有一个操作主体，防止出现误操作。

### 3. 逻辑闭锁

通过系统"五防"闭锁功能，还有系统逻辑判断功能，对电气设备的操作进行检测和判断，确定该遥控操作是否符合闭锁条件。如果出现不符合闭锁的条件，则闭锁遥控操作，并提示告警，保证供电逻辑，避免误操作。

### 4. 挂牌闭锁

（1）调度站挂牌。

调度站通过程序判断闭锁遥控操作，在系统后台实施软挂牌。调度端挂牌分总挂牌和各受控站（变电所）的分挂牌。在调度端检修时，为防止检修人员误操作而触发远程遥控操作，在后台机上实施总挂牌，闭锁调度端对受控站（变电所）进行全部遥控操作，保证安全。在调度端监控系统监控界面显示闭锁状态，但受控站（变电所）的遥测、遥信等信息还是正常上传，系统监视不受影响。

在调度端与受控站（变电所）进行调试时，为防止选错受控站（变电所）导致误操作,可在调度端对受控站(变电所)实施分挂牌。此时,闭锁改对其他受控站(变电所)的全部遥控操作,避免错误。但遥信、遥测信息依然可以正常上传,正常监视。只有没挂牌的可以遥控操作调试,降低了误操作的风险。

(2)受控站(变电所)挂牌。

受控站(变电所)挂牌则通过在受控站前置机或主控单元的遥控切换开关实施硬挂牌来实现,可实施调度端闭锁、闭锁调度端和受控操作、不闭锁三种状态。

闭锁调度端挂牌,是指在受控站(变电所)把遥控总开关放置到闭锁远方调度操作位置,闭锁调度端对该受控站(变电所)的遥控控制,但不影响遥测、遥信的正常传送,并向调度端发送受控站(变电所)总挂牌信息,提示调度端。

受控站总闭锁则把受控站(变电所)把遥控总开关放置闭锁调度端和受控操作位置。此时,除了屏蔽调度端的遥控操作,还屏蔽本站监控控制的遥控操作,只能到测控单元操作。但不影响遥测、遥信信息传送,不影响正常监视。

(3)检修挂牌。

检修挂牌用于变电所自动化系统后台机、前置机、测控单元检修和继电保护装置的保护校验、断路器等设备检修等在局部挂牌实施闭锁,避免出现误操作。

## 三、断路器遥控操作

下面以合上 21B 断路器,断开 211 断路器为例。

### 1. 核对断路器对应编号

在监控界面,核对断路器的编号,确认无误,如图 5-11 所示。

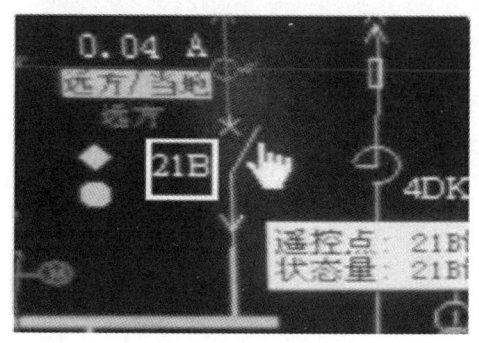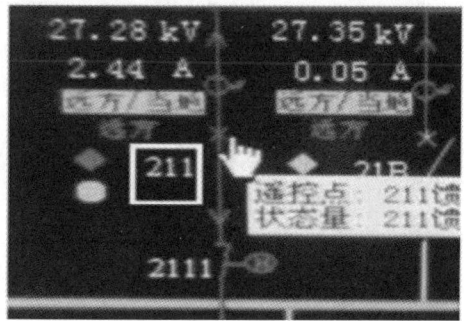

图 5-11 断路器编号核对监控画面

### 2. 确认断路器闭锁关系

按照供电规则,检查操作任务相关的断路器的逻辑闭锁关系,确保操作逻辑关系正确无误。

## 3. 确认断路器分、合闸位置

在监控界面,将光标放置在断路器 21B 和 211 上,显示为"小手状",并单击断路器图形符号,如图 5-12 所示。

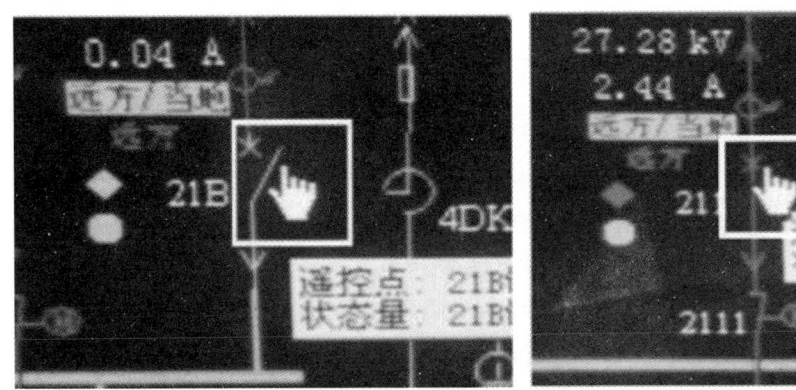

图 5-12 断路器位置确认监控画面

## 4. 发起遥控操作

在监控界面,单击断路器图形符号后,弹出"遥控对象"对话框(见图 5-13),核对分、合闸信息,确认无误后,单击"执行",发起遥控操作。

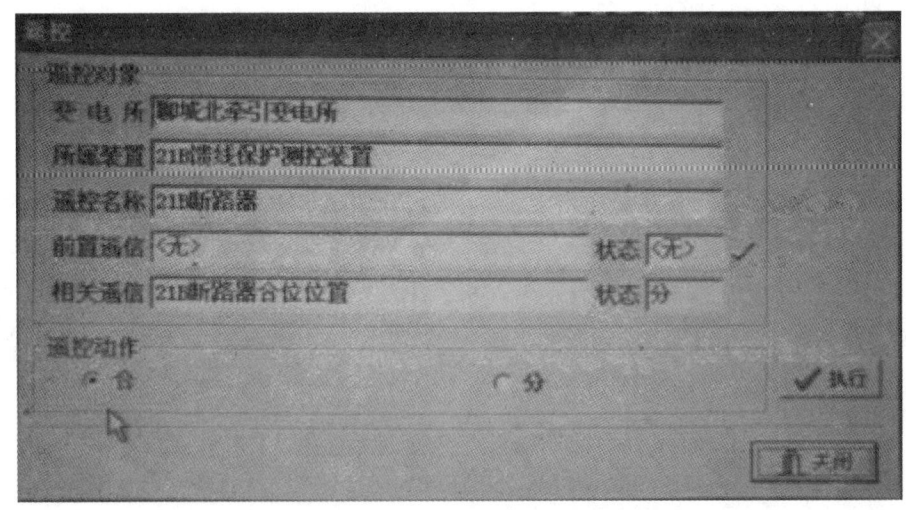

图 5-13 "遥控操作"对话框

## 5. 解锁口令闭锁

在监控界面,单击"执行"按钮后,弹出"用户确认"的对话框(见图 5-14)。根据"用户"情况、输入"口令"密码,单击"确定",解锁口令闭锁。

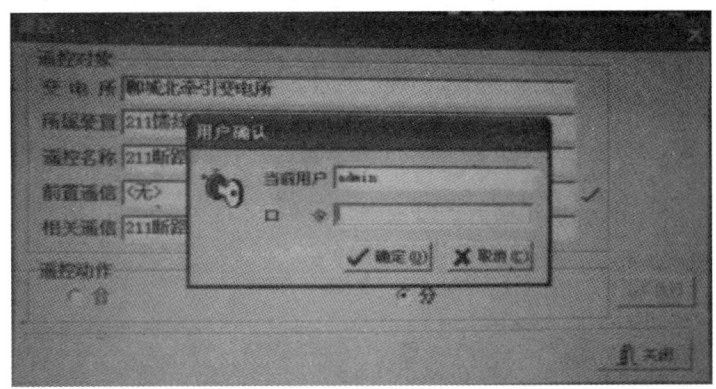

图 5-14 "用户确认"对话框

**6. 再次确认**

在监控界面，单击"确定"后，弹出"操作确认"的对话框（见图 5-15），核对断路器运行编号，确认无误后，单击"是"，确认操作。

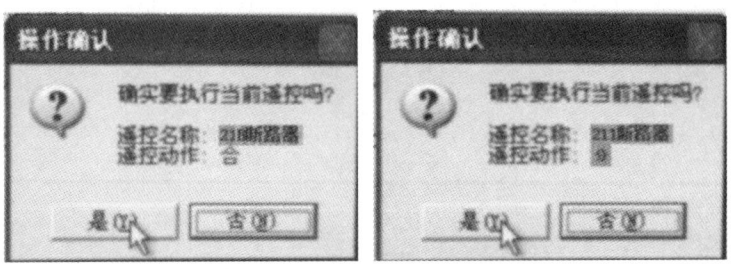

图 5-15 "确认操作"对话框

**7. 确认操作结果**

操作成功后，监控界面会弹出"接收相关遥信成功"的提示，确认操作结果，如图 5-16 所示。

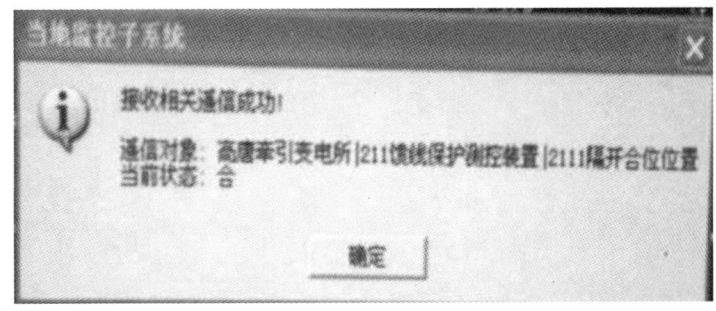

图 5-16 确认操作结果提示框

**8. 现场核对**

现场核对 21B、211 断路器位置，确认遥控操作结果。

## 思 考 题

1. 监控系统主要有哪些功能？
2. 监控系统主要由哪几部分组成？
3. 监控系统的监控对象有哪些？
4. 监控系统的软件部分主要有哪几类？
5. 监控系统主要有哪些基本要求？
6. 简述监控系统遥控断路器分闸的基本流程。

# 参考文献

[1] 柳明宇,毛克胜,李西岐. 牵引供电综合自动化技术[M]. 成都:西南交通大学出版社,2007.

[2] 国家电网公司人力资源部. 变电站综合自动化[M]. 北京:中国电力出版社,2010.

[3] 丁书文. 电力系统远动原理及应用[M]. 北京:化学工业出版社,2010.

[4] 贺威俊,高仕斌. 轨道交通牵引供变电技术[M]. 2版. 成都:西南交通大学出版社,2016.

[5] 丁书文. 变电站综合自动化现场技术[M]. 北京:中国电力出版社,2008.

[6] 程波. 牵引变电所综合自动化[M]. 北京:中国铁道出版社,2008.

[7] 杨新民. 电力系统综合自动化[M]. 北京:中国电力出版社,2008.